Einheitsmethoden
zur Untersuchung von Fetten, Ölen, Seifen und Glyzerinen

sowie sonstigen Materialien der Seifenindustrie.

Herausgegeben

vom

Verband der Seifenfabrikanten Deutschlands.

Springer-Verlag Berlin Heidelberg GmbH

1910.

ISBN 978-3-662-23803-5 ISBN 978-3-662-25906-1 (eBook)
DOI 10.1007/978-3-662-25906-1

Universitäts-Buchdruckerei von Gustav Schade (Otto Francke)
in Berlin und Fürstenwalde (Spree).

Vorwort.

Der Vorstand des Verbandes der Seifenfabrikanten Deutschlands hat es in zunehmendem Maße als einen großen Übelstand für die interessierten Kreise empfunden, daß die erforderlichen Untersuchungen und Wertbestimmungen beim Einkaufe von Rohmaterialien aller Art und beim Verkaufe von Fabrikaten der Seifenindustrie seitens der verschiedenen in Frage kommenden Chemiker nicht nach gleichen analytischen Methoden vorgenommen werden. Die Folge davon ist, daß die verschiedenen Analysenresultate oft recht erheblich voneinander abweichen, und daß dadurch zwischen Verkäufer und Käufer Streitigkeiten entstehen, die sich bei einheitlichen Untersuchungsmethoden vermeiden lassen.

Der Vorstand hatte daher in der Oktobersitzung des Jahres 1908 beschlossen, hierin Wandel zu schaffen und eine aus den unterzeichneten Herren bestehende analytisch-technische Kommission ernannt, die sich zunächst mit der Aufstellung eines allgemeinen Planes zur Herausgabe von Verbandsmethoden für besagten Zweck beschäftigen sollte. In einer im Dezember des gleichen Jahres stattgehabten Sitzung dieser Kommission wurden dann die derselben angehörenden Chemiker beauftragt, den umfangreichen Stoff zu bearbeiten und hierzu die erforderlichen vergleichenden analytischen Untersuchungen vorzunehmen. Diese zeitraubenden Arbeiten wurden im Laufe des Jahres 1909 in Angriff genommen und zu Ende geführt.

Die vorliegenden Arbeiten enthalten nur sorgfältig ausgewählte Untersuchungsmethoden und Arbeitsgänge, die sich in der Praxis des öffentlichen Chemikers und der im Fabrikbetriebe tätigen Analytiker bei der Untersuchung der für die Seifenindustrie in Frage kommenden Objekte bewährt haben. Sie sollen für den Analytiker ein Reglement bilden, dessen Befolgung der Verband dringend empfehlen möchte, weil nur durch ein einheitliches Vorgehen die eingangs erwähnten Übelstände nach Möglichkeit vermieden werden können.

Möge daher diese erste Auflage der Verbandsmethoden in den bezüglichen Fachkreisen allseitig freundliche Aufnahme finden.

Die analytisch-technische Kommission des Verbandes der Seifenfabrikanten Deutschlands.

Jacobi, Kuntze, Lukaschik
als Vertreter der Seifenindustrie.

Heller, Huggenberg, Stadlinger, Stiepel
als Vertreter der analytischen Chemie.

Inhaltsverzeichnis.

Die Untersuchung der Ätzalkalien und Alkalikarbonate.

Die Untersuchung der Fette, Öle und deren Fettsäuren.

Nachweis von Verfälschungen von Fetten und Ölen.

Die Untersuchung von Seifen und Seifenpulvern.

Die Untersuchung der glyzerinhaltigen Unterlaugen, der Spaltungswässer und Glyzerine des Handels.

Die Untersuchung der Ätzalkalien und Alkalikarbonate.

I. Probenahme.

Probenahme und Abwägung des Untersuchungsmateriales müssen namentlich bei den Ätzalkalien wegen ihrer hygroskopischen Eigenschaften und der Gefahr einer Karbonatbildung mit großer Umsicht ausgeführt werden. So ist der Inhalt der mit sog. kaustischer Soda gefüllten Trommeln niemals in allen seinen Teilen gleichförmig zusammengesetzt. Man hat daher an möglichst vielen Stellen Teilproben zu entnehmen und diese zu einer Mischprobe zu vereinigen. Die Überweisung der Objekte sollte nur in Glasgefäßen mit dichtem Verschluß erfolgen; eine Übermittelung in Papier kann als einwandfreie Verpackung nicht angesehen werden. Ein Pulvern der Proben vor dem Abwägen zwecks Gewinnung eines guten Durchschnittes für die Analyse ist nicht ratsam, vielmehr empfiehlt es sich, falls kein einheitliches Produkt vorliegt, mit größeren, aus verschiedenen Partien entnommenen Mengen des Untersuchungsmateriales unter Wasserzusatz eine konzentrierte Stammlösung herzustellen, abgewogene Teile derselben auf ein bestimmtes Volumen zu verdünnen und die Verdünnungen zu untersuchen.

II. Chemische Untersuchung.

A. Ätznatron NaOH und Ätzkali KOH.

a) Allgemeines.

Als Verunreinigungen kommen gewöhnlich Wasser, Karbonate, Chloride, Sulfate, Silikate, Aluminate und Unlösliches in Betracht. Dementsprechend erstreckt sich die Prüfung in der Regel auf die

1. Gesamtalkalinität „Grädigkeit“ (bei NaOH umgerechnet auf Prozente Na_2CO_3);

2. Bestimmung des wirklichen Ätzalkaligehaltes;
3. Bestimmung des Karbonatgehaltes;

in besonderen Fällen auf die

4. Bestimmung der Chloride;
5. Bestimmung der Sulfate:
6. Bestimmung der Kieselsäure;
7. Bestimmung der Aluminate;
8. Bestimmung unlöslicher Beimengungen;
9. Bestimmung des Wassers;
10. Trennung von Kalium und Natrium.

b) Untersuchung.

Zweckmäßig stellt man zur Vornahme der unter 1—7 benannten Bestimmungen mit Wasser eine Stammlösung aus ca. 40 g Ätznatron bzw. ca. 56 g Ätzkali zu 1 Liter Flüssigkeit her und verwendet hiervon abgemessene Teile zur Einzelprüfung.

1. Bestimmung des Gesamttiters („Grädigkeit").

Dieselbe erfolgt mit Hilfe von Normalschwefelsäure unter Verwendung von Methylorange als Indikator.

1 ccm n/1 Schwefelsäure = 0,04006 g Ätznatron NaOH
= 0,05305 g Natriumkarbonat Na_2CO_3
= 0,05616 g Ätzkali KOH
= 0,06915 g Kaliumkarbonat K_2CO_3.

Unter „Grädigkeit" werden bei Ätznatron in Deutschland die Prozente Natriumkarbonat Na_2CO_3 verstanden, welche sich auf Grund des Gesamttiters von 100 g Ätznatron berechnen. Chemisch reines, d. h. 100 proz. Ätznatron NaOH entspricht theoretisch 132,4° (deutsche Grade).

2. Bestimmung des wirklichen Ätzalkaligehaltes.

Da bei Bestimmungen des „Gesamttiters" neben dem Ätznatron auch Karbonate, Alkalisilikate und Aluminate in Wirkung treten, ist eine alkalimetrische Ermittelung des wirklichen Ätzalkaligehaltes nur dann möglich, wenn genannte Verunreinigungen durch überschüssiges Baryumchlorid unwirksam gemacht worden sind. Zur Ausführung der Untersuchung dienen einerseits Normalschwefelsäure („Gesamttiter" wie oben 1), andererseits Normaloxalsäure (Alkalihydroxydtitration). Beide Normalflüssigkeiten müssen zuvor auf ihren Wirkungswert gegen Normallauge geprüft werden. Man gibt in 2 mit Gummistopfen versehene Erlenmeyerkölbchen gleiche Volumina der Stammlösung des Untersuchungsobjektes und prüft zunächst den Inhalt des einen Kölbchens, wie unter 1. beschrieben, auf seine Gesamtalkalinität. Zum Inhalte des zweiten Kölbchens fügt man überschüssige neutrale Chlorbaryumlösung (10 proz.) und läßt nach einigem Stehen, ohne vom Niederschlage abzufiltrieren, tropfenweise unter beständigem Umschütteln nach Zugabe von Phenolphthaleïn als Indikator so viel Normaloxalsäure zufließen, bis Entfärbung eintritt.

Der Verbrauch an Oxalsäurelösung gibt einen Maßstab für das vorhandene Alkalihydroxyd. Eine Verwendung von Salzsäure (n/10 usw.) an Stelle der Oxalsäure bei Titration des Ätzalkalis ist nicht einwandfrei, da erstere mit dem ausgefällten Baryumkarbonat in Wechselwirkung treten kann.

Sind auf Grund der qualitativen Vorprüfungen Verunreinigungen mit Alkalisilikaten und Aluminaten nicht zugegen, so kann die Menge des Oxalsäureverbrauches ohne weiteres vom Säureverbrauche, der zur Feststellung des Gesamttiters nötig war, abgezogen und die entstandene Differenz auf „Alkalikarbonat" umgerechnet werden.

Bei Gegenwart von Alkalisilikaten und Aluminaten müßte die jeweilige Alkalinität dieser Stoffe besonders in Rechnung gezogen werden.

Faktoren über den Wirkungswert der Normalsäure siehe unter 1. „Gesamttiter".

3. Bestimmung des Karbonatgehaltes.

Siehe unter „Alkalikarbonat" am Schlusse des vorigen Abschnittes.

4. Bestimmung der Chloride.

Diese erfolgt maßanalytisch nach Volhards Methode in der mit chlorfreier Salpetersäure angesäuerten Substanzlösung.

1 ccm n/10 Silbernitratlösung = 0,00746 g Kaliumchlorid KCl
= 0,00585 g Natriumchlorid NaCl.

5. Bestimmung der Sulfate.

Diese erfolgt gewichtsanalytisch unter Anwendung der Chlorbaryummethode.

6. Bestimmung der Kieselsäure.

Diese erfolgt gewichtsanalytisch nach wiederholtem Eindampfen mit Salzsäure (vgl. auch Kapitel „Seifen", Abschnitt „Kieselsäure").

7. Bestimmung der Aluminate.

Diese erfolgt gewichtsanalytisch nach den bekannten Methoden der quantitativen Analyse.

8. Bestimmung unlöslicher anorganischer Beimengungen.

Eine größere Menge des Untersuchungsmateriales ist in Wasser zu lösen und nach entsprechender Verdünnung des Löslichen durch Filtration, Auswaschen und Veraschung gewichtsanalytisch auf den Gehalt an unlöslichen anorganischen Beimengungen zu untersuchen.

9. Bestimmung des Wassers.

Eine direkte Wasserbestimmung durch Erhitzen im Porzellantiegel kann wegen Gefahr mechanischen Versprühens leicht zu Verlusten führen. Nach Böckmann verfährt man deshalb wie folgt: In einem genau tarierten Erlenmeyerkolben (250 ccm Inhalt, 14—15 cm Höhe) werden etwa 5 g des Prüfungsmaterials bei aufgesetztem Trichterchen tunlichst rasch abgewogen. Hierauf erhitzt man — ohne den Trichter zu entfernen — im Sandbade 3—4 Stunden auf 150°, läßt den Kolben schließlich an freier Luft auf einer Marmorplatte erkalten und wägt zurück.

10. Trennung von Kalium und Natrium.

Die genaue Trennung erfolgt nach der Platinmethode; auch die Perchloratmethode gibt gute Resultate. Bezüglich Ausführung dieser Bestimmungen muß auf die Spezialliteratur verwiesen werden. In Differenzfällen ist die Platinmethode maßgebend.

B. Soda und Pottasche.

a) Allgemeines.

Soda kommt als weißes Pulver (Ammoniaksoda, Solvaysoda, kalzinierte Soda Na_2CO_3) oder in Form von Kristallen (Kristallsoda $Na_2CO_3 + 10\,H_2O$), Pottasche K_2CO_3 als weißes Pulver (wasserfrei) oder in Form von krümeligen Stücken und Klumpen (hydratisiert) in den Handel.

Als hauptsächliche Verunreinigungen der Soda sind zu nennen: Sulfate (namentlich bei Solvaysoda), Sand, Eisenoxyd, Tonerde, kohlensaurer Kalk und kohlensaure Magnesia. Grobe Verfälschungen durch Glaubersalz wurden zuweilen im Zwischenhandel beobachtet. Geringe Zusätze kommen manchmal zur Erzielung größerer und härterer Kristalle in Frage. Als hauptsächliche Verunreinigungen der Pottasche sind anzuführen: Feuchtigkeit, Soda, Chlorkalium, Kaliumsulfat, Kieselsäure, Tonerde, zuweilen auch Phosphate.

b) Untersuchung.

Die Untersuchung dieser Produkte erfolgt im allgemeinen nach den unter „Ätzalkalien" niedergelegten Grundsätzen. Es empfiehlt sich auch hier, eine Stammlösung zu bereiten (etwa 25 g kalzinierte Soda oder 50 g Kristallsoda, oder 50 g Pottasche zu 1 l mit Wasser gelöst) und von dieser einheitlichen Lösung abgemessene Mengen zur weiteren Prüfung zu entnehmen.

In den meisten Fällen erstreckt sich die Untersuchung der Alkalikarbonate (Soda und Pottasche) auf folgende Prüfungen.

1. Bestimmung der Gesamtalkalinität, „Grädigkeit";
2. Bestimmung der Chloride;
3. Bestimmung der Sulfate;
4. Bestimmung der in Wasser unlöslichen Beimengungen;
5. Bestimmung des Wassergehaltes.

Bei ausführlichen Analysen kann u. a. in Betracht kommen:

6. Bestimmung des Sodagehaltes (bei Pottasche);

7. Qualitativer und quantitativer Nachweis von Ätzalkalien;
8. Bestimmung von Alkalisilikat und Aluminat;
9. Bestimmung des Eisenoxydes.

1. Bestimmung der Gesamtalkalinität „Grädigkeit".

Diese wird, wie unter „Ätzalkalien" im Abschnitte 1 näher ausgeführt, durch Titration mit Normalschwefelsäure unter Verwendung von Methylorange als Indikator vorgenommen. Es entspricht:

1 ccm n/1 Schwefelsäure = 0,05305 wasserfreier Soda Na_2CO_3
= 0,14313 Kristallsoda $Na_2CO_3 + 10\,H_2O$
= 0,06915 Pottasche K_2CO_3.

Der Vollständigkeit halber muß bemerkt werden, daß nach Vereinbarung der deutschen Sodafabrikanten kalzinierte Soda stets nach dem Glühen titriert und der für geglühte, d. h. trockene Soda gefundene Titer als der maßgebende bezeichnet wird. Hierbei sollen 2,6502 g Einwage mit Vernachlässigung der unlöslichen Karbonate ($CaCO_3$, $MgCO_3$ usw.) direkt mit Normalsalzsäure und Methylorange als Indikator titriert werden.

2. Bestimmung der Chloride.

Diese erfolgt in der mit Salpetersäure übersättigten Lösung nach Volhard. Faktoren siehe „Ätzalkalien", Abschnitt 4.

3. Bestimmung der Sulfate.

5—10 g Soda oder Pottasche werden in Wasser gelöst und nach Übersättigung durch Salzsäure mit heißer Chlorbaryumlösung heiß gefällt. Bestimmung als $BaSO_4$.

4. Bestimmung der in Wasser unlöslichen Beimengungen.

Hierzu sind meist hohe Einwagen (50—100 g) an Untersuchungsmaterial nötig. Die Substanz wird in geräumigem Becherglase unter beständigem Umrühren mit einer genügenden Menge warmen Wassers so lange erwärmt, bis Lösung erfolgt ist. Das Ganze beläßt man zwecks Abscheidung des Unlöslichen im Dampftrockenschrank. Alsdann hebert man den größten Teil der Flüssigkeit vorsichtig ab, gießt den Rückstand unter Nachspülen mit heißem Wasser auf ein bei 100° getrocknetes und gewogenes Filter, wäscht gut aus und trocknet das Filter bis zur Gewichtskonstanz. Aus der Gewichtszunahme ist der Gehalt an wasserunlöslichen organischen und unorganischen Bestandteilen zu berechnen. Man kann auch das Filter einäschern und so nur die anorganischen, unlöslichen Stoffe bestimmen.

5. Bestimmung des Wassergehaltes.

Diese erfolgt in üblicher Weise auf gewichtsanalytischem Wege durch schwaches Glühen.

6. Bestimmung des Sodagehaltes (in Pottasche).

Diese erfolgt am genauesten nach der Platinmethode. Auch die Überchlorsäuremethode gibt gute Resultate. In Differenzfällen ist die Platinmethode maßgebend.

7. Qualitativer und quantitativer Nachweis von Ätzalkali.

Ein etwaiger Gehalt von Ätzalkalien kann nach den unter Abschn. 2 „Wirklicher Ätzalkaligehalt“ für „Ätzalkalien“ gegebenen Vorschriften festgestellt werden.

Der qualitative Ätzalkalinachweis ist dadurch zu führen, daß man die Lösung des Alkalikarbonates mit neutralem Chlorbaryum im Überschusse fällt und das Filtrat auf sein Verhalten gegen empfindliches rotes Lackmuspapier prüft (Bläuung).

8. u. 9. Bestimmung von Alkalisilikat und Aluminat sowie Eisenoxyd.

Diese Prüfungen werden nach den bekannten Methoden der quantitativen Analyse ausgeführt.

C. Ammoniak- und Ammoniumsalze.

a) Allgemeines.

Die genaue Gehaltsbestimmung ist auf titrimetrischem Wege zu führen.

b) Ermittelung des Gehaltes an NH_3 in Salmiakgeist.

Etwa 25 g des Musters sind genau abzuwägen und unter Vermeidung von Verdunstung in einen 500-ccm-Kolben überzuführen. Nach Auffüllung mit Wasser zur Marke und Durchmischung werden 50 ccm der Verdünnung mit Normalsäure unter Anwendung von Methylorange (neuerlich auch Luteol) als Indikator titriert.

1 ccm Normalsäure = 0,01703 g Ammoniak NH_3.

c) Untersuchung der Ammoniumsalze auf NH_3-Gehalt.

Die Bestimmung des Ammoniumgehaltes von Ammonsalzen erfolgt auf dem Wege der Destillation. Man bringt das abgewogene Ammonsalz in einen Erlenmeyerkolben von ca. 400—500 ccm Inhalt, löst die Substanz in ca. 200 ccm Wasser, fügt eine genügende Menge einer ausgekochten 10proz. Natronlauge hinzu, destilliert und fängt das Destillat in einer mit gemessener Normalsäure beschickten Vorlage auf. Die überschüssige Säure wird unter Anwendung von Methylorange oder Luteol mit Normalalkali zurücktitriert. Aus der Differenz berechnet sich das Ammoniak.

D. Ätzkalk.

a) Allgemeines.

Die Ziehung eines guten Durchschnittsmusters ist mit besonderer Sorgfalt aus einem größeren Quantum an Rohmaterial vorzunehmen. Kleinere Brocken sollten hierbei tunlichst vermieden werden, da gebrannter Kalk aus der Luft begierig Wasser und Kohlensäure anzieht; am besten nimmt man die Muster aus der Mitte großer Stücke, nachdem dieselben mit dem Hammer zertrümmert worden sind. Versendung der Muster in Glasgefäßen ist durchaus notwendig. Für die Zwecke der Seifenindustrie kommt meist nur die quantitative Prüfung auf „löschfähigen Ätzkalk" in Frage.

b) Untersuchung.

Aus einer größeren Probe (mindestens 500 g) des bis zur Erbsengröße zerkleinerten, dann gemischten Untersuchungsmateriales werden etwa 125 g abgewogen und diese in der

Spezifische Gewichte und Gehalte der Laugen*).

Baumé-Grade bei 15° C	Dichte bei 15° C.	Kalilauge KOH Proz.	Natronlauge NaOH Proz.	Pottasche K_2CO_3 Proz.	Soda Na_2CO_3 Proz.	Kristallsoda Na_2CO_3 + 10 H_2O Proz.	Ätzkalk $Ca(OH)_2$ Proz.
1	1,007	0,9	0,61	0,7	0,67	1,81	0,74
2	1,014	1,7	1,20	1,5	1,33	3,59	1,64
3	1,022	2,6	2,00	2,3	2,09	5 64	2,54
4	1,029	3,5	2,71	3,1	2,76	7,44	3,54
5	1,036	4,5	3,35	4,0	3,43	9,25	4,43
6	1,045	5,6	4,00	4,9	4,29	11,57	5,36
7	1,052	6,4	4,64	5,7	4,94	13,32	6,18
8	1,060	7,4	5,29	6,5	5,71	15,40	7,08
9	1,067	8,2	5,87	7,3	6,37	17,18	7,87
10	1,075	9,2	6,55	8,1	7,12	19,20	8,74
11	1,083	10,1	7,31	9,0	7,88	21,25	9,60
12	1,091	10,9	8,00	9,8	8,62	23,25	10,54
13	1,100	12,0	8,68	10,7	9,43	25,43	11,45
14	1,108	12.9	9,42	11,6	10,19	27.48	12,35
15	1,116	13,8	10,06	12,4	10,95	29,53	13,26
16	1,125	14,8	10,97	13,3	11,81	31,85	14,13
17	1,134	15,7	11,84	14,2	12,61	34,01	15,00
18	1,142	16,5	12,64	15,0	13.16	35,49	15,85
19	1,152	17,6	13,55	16,0	14,24	38,40	16,75
20	1,162	18,6	14,37	17,0			17,72
21	1,171	19,5	15,13	18,0			18,61
22	1,180	20,5	15,91	18,8			19,40
23	1,190	21,4	16,77	19,7			20,34
24	1,200	22,4	17,67	20,7			21,25
25	1,210	23,3	18,58	21,6			22,15
26	1,220	24,2	19,58	22,5			23,03
27	1,231	25,1	20,59	23,5			23,96
28	1,241	26,1	21,42	24.5			24,90
29	1,252	27,0	22,64	25,5			25,87
30	1,263	28,0	23,67	26,6			26,84
31	1,274	28,9	24,81	27,5			
32	1,285	29,8	25,80	28,5			
33	1,297	30,7	26,83	29,6			
34	1,308	31,8	27,80	30,7			
35	1,320	32,7	28,83	31,6			
36	1,332	33,7	29,93	32,7			
37	1,345	34,9	31,22	33,8			
38	1,357	35,9	32,47	34,8			
39	1,370	36,9	33,69	35,9			
40	1,383	37,8	34,96	37,0			
41	1,397	38,9	36,25	38,2			
42	1,410	39,9	37,47	39,3			
43	1,424	40,9	38,80	40,5			
44	1,438	42,1	39,99	41,7			

*) Unter Benutzung der Angaben von Lunge. (Forts. d. Tab. umsteh.)

Baumé-Grade bei 15° C	Dichte bei 15° C	Kalilauge KOH Proz.	Natronlauge NaOH Proz.	Pottasche K_2CO_3 Proz.	Soda Na_2CO_3 Proz.	Kristallsoda $Na_2CO_3 + 10\,H_2O$ Proz.	Ätzkalk $Ca(OH)_2$ Proz.
45	1,453	43,4	41,41	42,8			
46	1,468	44,6	42,83	44,0			
47	1,483	45,8	44,38	45,2			
48	1,498	47,1	46,15	46,5			
49	1,514	48,3	47,60	47,7			
50	1,530	49,4	49,02	48,9			
51	1,546	50,6		50,1			
52	1,563	51,9		51,3			
53	1,580	53,2					
54	1,597	54,5					
55	1,615	55,9					
56	1,634	57,4					
57	1,652						
58	1,671						
59	1,691						
60	1,711						

Reibschale möglichst rasch bis zur genügenden Feinheit gepulvert. Hierauf wägt man 100 g des Durchschnittsmusters ab, bringt diese in einen geeichten Halbliterkolben und fügt etwa 250 ccm kohlensäurefreies Wasser hinzu. Nach dem Ablöschen füllt man zur Marke auf, verstöpselt und schüttelt, bis gleichmäßige Suspension erfolgt ist. Unter weiterem Umschütteln pipettiert man sofort 100 ccm (= 20 g gebrannter Kalk) heraus und gibt diese in einen zweiten Halbliterkolben. Nach Ergänzung des Inhaltes mit Wasser zur Marke werden unter starkem Umschütteln 25 ccm (= 1 g Untersuchungsmaterial) herauspipettiert und sofort im Erlenmeyerkolben unter Zusatz von Phenolphthaleïn als Indikator mit Normalsäure bis zur ersten Entfärbung titriert. Verdünnung der gemessenen 25 ccm Flüssigkeit mit Wasser ist zulässig; jedoch soll die Flüssigkeitsschicht den Kölbchenboden höchstens bis 1 cm Höhe bedecken. Auf das gute Umschütteln der Lösungen bei Herausnahme mit der Pipette ist besondere Sorgfalt zu verwenden. 1 ccm Normalsäure = 0,02806 g löschfähiger Ätzkalk CaO. Soll die Menge der Kohlensäure im gebrannten Kalk bestimmt werden, so titriert man Calciumoxyd und Calciumkarbonat zusammen durch Auflösen in überschüssiger Normalsäure und mißt den Säureüberschuß unter Anwendung von Methylorange als Indikator mit Normalalkali zurück.

Hat man in obiger Weise den Gehalt an Calciumoxyd CaO bestimmt, so ergibt sich die Kohlensäure bzw. der Gehalt an Calciumkarbonat rechnerisch aus der Differenz.

Die Untersuchung der Fette, Öle und deren Fettsäuren[1].

Vorbemerkung.

Die tierischen Fette bestehen vorwiegend aus den Triglyzeriden der Stearin-, Palmitin- und Ölsäure, neben denen sich nur im Butterfett noch erhebliche Mengen von Glyzeriden niederer Fettsäuren finden; sie enthalten außerdem Cholesterin.

Die pflanzlichen Fette enthalten neben den Glyzeriden der Stearin-, Palmitin- und Ölsäure noch mehr oder weniger Glyzeride der Leinölsäure, ferner einzelne Laurinsäure, Myristinsäure, Arachinsäure usw. und einige — wie Kokosöl und Palmkernöl — gleichfalls wesentliche Mengen niederer Fettsäuren, außerdem Phytosterine in verhältnismäßig größeren oder geringeren Mengen.

Die Methoden der Fettuntersuchung lassen dabei im allgemeinen nicht die Menge eines bestimmten Fettes in einem Fettgemisch oder eines Fettbestandteiles in einem Fette erkennen, sondern sie kennzeichnen gewisse chemische und physikalische Eigenschaften der Fette oder das Verhältnis einzelner Bestandteile eines Fettes zueinander, aus denen ein Schluß auf die Art und den Ursprung sowie die Reinheit des Fettes gezogen werden kann. Der Gehalt eines Fettes an einem fremden Fette läßt sich, sofern es sich nicht um Mischungen aus bereits bekannten Bestandteilen handelt, in der Regel nur selten und dann nur annähernd feststellen.

Die hauptsächlichsten Methoden der Fettuntersuchung, welche allgemeine Anwendung finden, sind folgende:

---

[1]) Die Bearbeitung erfolgte unter möglichster Benutzung von den „Vereinbarungen zur einheitlichen Untersuchung und Beurteilung von Nahrungs- und Genußmitteln“, Abschnitt: Speisefette und Öle.

A. Physikalische Methoden.

1. Die Bestimmung des spezifischen Gewichts von Ölen.

Da das spezifische Gewicht, namentlich bei den Ölen, untereinander differiert und auch stark beeinflußt wird durch Verfälschungen mit Mineralöl und Harzöl, so wird es noch oft in der Technik bestimmt, um etwaige Verfälschungen zu erkennen.

Das spezifische Gewicht der Öle und flüssigen Fette wird dabei ebenso bestimmt wie dasjenige anderer Flüssigkeiten, d. h. mittels des Pyknometers oder mittels der Mohr-Westphalschen Wage.

Bei flüssigen Ölen und Fetten geschieht die Bestimmung bei 15° C, bei festen Fetten bestimmt man meist das spez. Gewicht bei 100° C.

Beim Attest ist anzugeben, nach welcher Methode und bei welchen Temperaturen gearbeitet wurde.

2. Bestimmung des Brechungsindex und der Refraktometerzahl.

Unter den Methoden zur Ermittlung der physikalischen Eigenschaften der Fette verdient die Bestimmung des Brechungsindex die meiste Beachtung.

Von den hierzu benutzten Apparaten (Refraktometer nach Abbé, Oleorefraktometer von Amagat und Jean, Butterrefraktometer von C. Zeiß) verdient der zuletzt genannte wegen seiner einfachen Handhabung und größeren Genauigkeit den Vorzug.

Als Vergleichstemperatur wählt man zweckmäßig bei Ölen 25° und bei festen Fetten Temperaturen über dem Schmelzpunkt, also etwa 40°.

Über Einrichtung und Gebrauch des unter Mitwirkung von R. Wollny entstandenen Butterrefraktometers von C. Zeiß ist die jedem Instrument beigegebene Gebrauchsanweisung einzusehen.

Obwohl die Bestimmung des Brechungsexponenten nicht ein vollständig zuverlässiges Mittel zur Entdeckung von Verfälschungen liefert, so kann doch die Methode in vielen Fällen zur Voruntersuchung dienen, indem sie uns in den Stand setzt, rasch festzustellen, ob eine verfälschte oder unverfälschte Probe vorliegt.

3. Die Schmelzpunktbestimmung von Fetten, Ölen und deren Fettsäuren.

Es ist zunächst zu bemerken, daß das Schmelzen bei den Fetten durchweg nicht in der einfachen, scharf gezeichneten Weise wie bei den meisten einheitlichen chemischen Körpern eintritt, sondern daß meistens während eines größeren Temperaturintervalles nach und nach Verflüssigung und gleichzeitig Aufhellung der Fettmasse erfolgt. Der am deutlichsten wahrnehmbare Endpunkt dieses Prozesses ist die erreichte vollständige Durchsichtigkeit des Fettes; dieser Punkt muß, weil er scharf kenntlich ist, allgemein als der Schmelzpunkt bezeichnet werden.

Da die Fette ferner nach dem Umschmelzen ihren normalen Schmelzpunkt oft erst nach längerer Zeit wieder erhalten, so läßt man die zur Schmelzpunktbestimmung gefüllten Röhrchen, in die man das Fett im geschmolzenen Zustande eingebracht hat, erst ca. 24 Stunden möglichst kühl liegen.

Die Ausführung der Schmelzpunktbestimmung geschieht wie folgt:

Von dem geschmolzenen und filtrierten Fett werden je nach der Länge des Quecksilberbehälters des Thermometers 1—2 cm in ein Kapillarröhrchen eingesaugt. Hierauf wird das Ende des Kapillarröhrchens zugeschmolzen und so an einem Thermometer mit langgezogenem Quecksilbergefäß befestigt, daß sich die Substanz in gleicher Höhe mit dem letzteren befindet. Erst wenn die Substanz im Röhrchen vollständig erstarrt ist (nach 24 stündigem Liegen), bringt man das Thermometer in ein ca. 3 cm im Durchmesser weites Reagenzglas, in welchem sich die zur Erwärmung dienende Flüssigkeit (Glyzerin) befindet. Der Moment, da das Fettsäulchen vollkommen klar und durchsichtig geworden ist, ist als Schmelzpunkt festzuhalten. Diese Methode[1]) zeigt den Endpunkt des Schmelzens an.

In gleicher Weise verfährt man bei der Ermittelung des Schmelzpunktes der aus den Neutralfetten hergestellten Fettsäuren (siehe S. 14).

---

[1]) Vereinbarung der bayrischen Vertreter der angewandten Chemie.

4. Bestimmung des Erstarrungspunktes von Fetten, Ölen und deren Fettsäuren.

Die Unregelmäßigkeiten, welche die Schmelzpunkte der Fette zeigen, und die Notwendigkeit, die umgeschmolzenen Fette vor der Bestimmung längere Zeit liegen zu lassen — Neutralfett zeigt nach dem Übergang aus dem geschmolzenen in den festen Zustand erst nach ca. 24 Stunden wieder den gleichen Schmelzpunkt — haben dazu geführt, daß zur Vergleichung und Wertbestimmung der Fette weit häufiger die Erstarrungspunkte der daraus abgeschiedenen Fettsäuren ermittelt werden.

Es wird so der „Titer" eines Fettes ermittelt, welcher also den Erstarrungspunkt der aus dem Fett gewonnenen „Fettsäuren" angibt.

Beim Erstarren der geschmolzenen Fette wird die „Schmelzwärme" frei, die Temperatur rückt daher im allgemeinen bis zu einem gewissen Wert, bleibt dann eine Zeit konstant, um von da an weiter zu steigen. Das Fett erstarrt während des Konstantbleibens, die dabei herrschende Temperatur ist der Erstarrungspunkt, „Titer". In einigen Fällen wird statt des Konstantbleibens ein plötzliches Ansteigen der Temperatur um einige Zehntelgrade beobachtet. Diese Temperatur dauert kurze Zeit an, worauf sie wieder fällt. In diesen Fällen ist der höchste Stand der Temperatur der „Titer".

Der einleitende Prozeß der Bestimmung des Titers ist die Verseifung und Abscheidung der Fettsäuren, welche in folgender Weise zu erfolgen hat:

Man verseift zunächst 150 g der in einer Porzellanschale gewogenen Probe mit 120 ccm einer kaustischen Kali-Lauge vom spez. Gew. 1,4 und 120 ccm starkem Alkohol auf dem Wasserbade unter beständigem Umrühren, bis die Seife dick geworden ist. Dieselbe wird alsdann in 1000 ccm Wasser aufgelöst und die Lösung über freiem Feuer gekocht, um den Alkohol zu verjagen. Dies geschieht am besten in der Weise, daß man das verdampfte Wasser von Zeit zu Zeit ersetzt. Man zerlegt hierauf die Seife durch Kochen mit verdünnter Schwefelsäure (250 ccm vom spez. Gew. 1,143 = 18° Bé), bis sich die abgeschiedene Fettsäure als vollkommen klare Flüssigkeit von dem Säurewasser getrennt hat, hebt letzteres ab und kocht die Fettsäure mit schwach schwefelsäurehaltigem Wasser (5 ccm konz. Schwefelsäure auf 100 ccm Wasser) bei bedeckter Schale eine Viertelstunde lang aus. Man wäscht alsdann nach dem Abziehen des Säurewassers durch Kochen mit reinem Wasser die Fettsäure aus und zieht darauf das Wasser vollständig ab. Alsdann erhitzt man die Fettsäure noch etwa 10 Minuten auf dem siedenden Wasserbade, bis die Masse eine klare Flüssigkeit bildet, und filtriert durch ein Filter im Heißwassertrichter.

Es ist keinesfalls gestattet, das zu untersuchende Fett oder die Fettsäure (Stearinmasse) etwa vorher unter Benutzung einer **freien Flamme** wasserfrei zu machen, falls dies nicht etwa die Beteiligten ausdrücklich vorschreiben, weil dadurch der Erstarrungspunkt sehr leicht erheblich erhöht wird.

Von der so gewonnenen Fettsäure wird der Titer bestimmt nach Methode Wolfbauer.

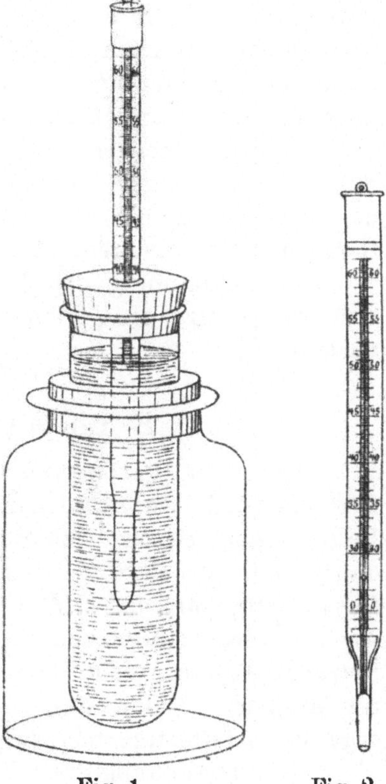

Fig. 1. Fig. 2.

Bei dieser wird die Bestimmung des Erstarrungspunktes in einem Reagenzglase vorgenommen, welches $3^1/_2$ cm weit und 15 cm hoch ist und bis ca. $1-1^1/_2$ cm unter den Rand mit der flüssigen Fettsäure gefüllt wird. Das Reagensglas wird hierauf (s. Figur) in einem Pulverglase befestigt und in die Fettsäure durch einen Kork, durch den das Reagenzglas zugleich verschlossen ist, ein in $^1/_5$ Grade geteiltes Thermometer eingeführt. Dieses hat an der Skala zweckmäßig einen zwischen 2^0 und 28^0 C aufgeblasenen Kropf, der ein zu weites Herausragen des Quecksilberfadens aus der Fettsäure verhindert.

Unter normalen Verhältnissen steckt die Thermometerskala gewöhnlich bis zum Teilstrich 35° in der Fettsäuremasse.

Mit dem in die Fettsäure eingesetzten Thermometer wird die noch klare Masse so lange gerührt, bis sie eben ganz undurchsichtig geworden ist, bis also bereits teilweise Erstarrung eingetreten ist. In diesem Augenblicke sinkt das Thermometer nicht mehr, sein Stand bleibt unverändert, selbst wenn man damit noch weiter umrühren würde. Es wird also nicht weiter gerührt, das Thermometer wird sich selbst überlassen, worauf es infolge der freiwerdenden Schmelzwärme der erstarrenden Fettsäure zu steigen beginnt usw. Die Resultate der Beobachtungen sind die gleichen wie bei der Finknerschen Methode d. h. der zolltechnischen Titerbestimmung.

Die Bestimmung des Erstarrungspunktes der Neutralfette und Öle erfolgt in gleicher Weise, wird aber weit seltener verlangt.

B. Chemische Methoden.

Außer der Farbe und dem Geruch bewertet sich jedes Fett oder jede Fettsäure zunächst nach dem Gesamtgehalt an Fettsubstanz; es wird sich eine eingehende Analyse eines Fettes daher zunächst darauf erstrecken, festzustellen, wie hoch der Gesamtfettgehalt des Untersuchungsobjektes ist, und welcher Art die verunreinigenden Stoffe sind. Als solche kommen in Betracht Wasser (rein oder säurehaltig), organische Verunreinigungen (Trübstoffe), anorganische Stoffe (Asche) und organische fettartige unverseifbare Stoffe = Unverseifbares.

Die Untersuchung eines Fettes oder Öles auf die Zusammensetzung hin besteht danach durchweg in folgendem Schema:

Wasser (aus der Differenz)	=	1,72	Proz.
(richtiger ist die Bezeichnung bei 100° C Flüchtiges)			
Mineralstoffe	=	0,08	„
Trübstoffe = Schmutz . .	=	0,05	„
Unverseifbares	=	1,26	„
Verseifbares Fett . . .	=	96,89	„

Neben diesen Bestimmungen kommt noch öfters vor: die Ermittelung des Gehaltes an Kalkseifen und der Nachweis von

Mineralsäuren in Fetten und Ölen. Für diese Untersuchungen wird das Fett oder Öl in natura verwendet. Feste Fette und Öle mit Abscheidungen werden vorher bei möglichst niedriger Temperatur geschmolzen und kräftig durchgeschüttelt.

1. Wasserbestimmung.

Liegen neutrale oder annähernd neutrale Fett- bzw. Ölgemische vor, so genügt in der Regel ein zweistündiges Trocknen im Wassertrockenschrank bei 95—100° C dazu, um bei Anwendung von 1—2 g Substanz Gewichtskonstanz zu erhalten. (Konventionsmethode.)

Handelt es sich um die Wasserbestimmung in Fettsäuren oder fettsäurereichen Fettgemischen, so ergibt die direkte Ermittelung aller übrigen Bestandteile (Fett, Unverseifbares, organischer Schmutz, Asche), d. h. die Feststellung des Wassers als Differenzwert die zuverlässigsten Resultate.

Wird jedoch eine direkte Wasserbestimmung verlangt, so ist die nachfolgende Methode[1]) zu benutzen, d. h. die Wasserbestimmung hat durch die Trocknung der Fettsäuren im Kohlensäurestrome und nachfolgende Titrierung der dabei etwa übergegangenen Fettsäuren zu erfolgen.

Zur Ausführung benötigt man folgende Apparatur[2]) (siehe Figur).

In dem Gasentwickelungsapparat nach System Kaehler wird ein Kohlensäurestrom erzeugt, der zur Trocknung durch eine Gaswaschflasche geleitet wird. Gefüllt ist das äußere Gefäß des Gasentwickelungsapparates mit verdünnter Salzsäure, das innere mit Marmorstückchen. Die Gaswaschflasche enthält konzentrierte Schwefelsäure. Auf dem rechts befindlichen Dreifuß steht ein kleiner Trockenschrank nach Rammelsberg, dessen Deckel der Länge nach ausgeschnitten ist. Dieser Trockenkasten dient zur Aufnahme des eigentlichen kolbenförmigen Trockengefäßes, welches auf einer perforierten Unterlage im Kasten frei steht und mit seinen beiden Ansatzstutzen aus dem Deckel etwas hervorragt. In den einen der

[1]) Methode nach Stiepel.

[2]) Der Apparat wird in den Handel gebracht durch die Firma: Vereinigte Fabriken für Laboratoriumbedarf, Berlin N, Scharnhorststraße.

Stutzen wird ein Einleitungsrohr eingesetzt und in den anderen ein Absorptionsaufsatz. Der Luftabschluß in letzterem ist durch eine niedrige Schicht Wasser bewerkstelligt.

Die Arbeitsweise ist einfach. Es wird zunächst der trockene Kolben mit Zuleitungsrohr und ohne Aufsatzrohr gewogen. Mittels eines Trichters wird nun etwas verflüssigtes Fett oder Öl (5—10 g) eingetragen und durch erneute Wägung die Menge der zu trocknenden Substanz bestimmt. Nun wird der Apparat in den Trockenschrank gestellt, der Deckel geschlossen, das Absorptionsrohr aufgesetzt und die Verbindung mit dem Gasentwickelungsapparat hergestellt. Die Trocknung erfolgt

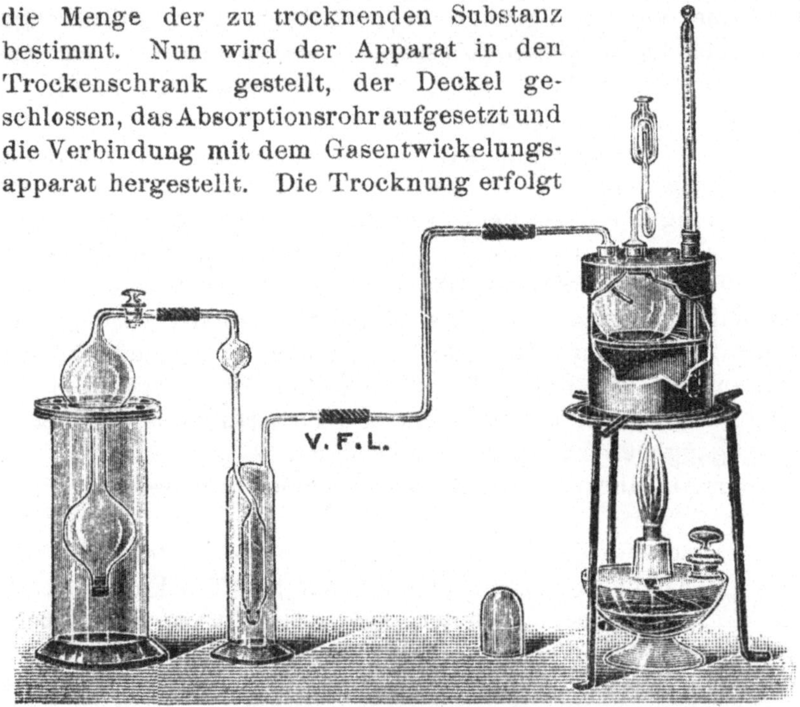

Fig. 3.

bei 105—110° C. Das Wesentliche der Trocknung zur Vermeidung von Fehlerquellen besteht nun darin, daß das entweichende Wasser und die entweichende Fettsubstanz in dem Absorptionsaufsatz kondensiert werden. Hat man 3—4 Stunden erwärmt, so ist die Trocknung in der Regel beendet, und man läßt nach Abnehmen des Absorptionsrohres den Kolben im Exsikkator erkalten. Durch Zurückwiegen wird alsdann die Menge des bei 110° C Gesamtflüchtigen ermittelt. Der Inhalt des Absorptionsaufsatzes wird inzwischen unter

Nachspülen mit Äther in einen kleinen Schüttaltrichter gebracht und das Wasser abgezogen. Alsdann bringt man die Ätherlösung in einen Erlenmeyer-Kolben, verdünnt mit Alkohol und titriert in bekannter Weise mit alkoholischem Alkali.

Die Berechnung der Menge an verflüchtigter Fettsäure erfolgt in bekannter Weise, jedoch muß, falls Kernöl oder Kokosöl als Untersuchungsobjekt vorlag, die Säurezahl der flüchtigen Fettsäuren mit 250—260 angenommen werden. Die berechnete Menge an Fett ist von der ermittelten Menge des Gesamtflüchtigen in Abzug zu bringen, um den Wassergehalt zu berechnen.

2. Bestimmung des Aschegehalts.

In einem gewogenen Porzellan- oder Platintiegel bringt man ca. 5 g des Fettes oder Öles mittels gelinder Erhitzung zur Verdampfung. Das Auftreten belästigender Gase kann man dabei wenigstens teilweise dadurch vermeiden, daß man die Fettgase entzündet. Ist das Fett bis auf einen teerigen Rückstand vergast, so erhitzt man stärker, bis alle Kohlenpartikel verbrannt sind. Eine qualitative oder quantitative Prüfung der Asche auf Kalk, Kali, Natron usw. erfolgt in bekannter Weise.

3. Bestimmung der Trübstoffe.

Ob eine Bestimmung der Trübstoffe in einem Fett oder Öl notwendig ist, zeigt bereits meist der Augenschein. Als Trübstoffe kommen dabei vorwiegend in Betracht: Hautfragmente, Pflanzenteile und Schmutz. Auch gelangen im Verlauf der Untersuchung etwa vorhandene Seifen zur Abscheidung, so daß auch diese so ermittelt werden.

Ausführung der Bestimmung.

20 g Fett oder Öl werden auf der Tarierwage in einem Erlenmeyerkolben abgewogen, wenn nötig, geschmolzen und in Petroläther (ca. 100 ccm) gelöst. Alsdann wird durch ein kleines, vorher bei 100° C getrocknetes und abgewogenes (bzw. ein genau tariertes) — aschefreies — Filter filtriert und so lange mit Petroläther nachgewaschen, bis ein Tropfen des Filtrates auf Papier verdunstet, keinen Fettfleck

mehr hinterläßt. Dann trocknet man das Filter bei 100° und wägt wieder (Gesamt-Petrolätherunlösliches). Wird von diesem der prozentuale Aschegehalt abgezogen, so verbleibt die gesamtpetrolätherunlösliche organische Substanz. Ist der Aschegehalt ein erheblicher, so kann die organische Substanz zum Teil aus an Basen gebundener Fettsäure bestehen (Seifen), weshalb in Sonderfällen, namentlich bei Knochenfetten, eine Untersuchung auf Seifen zu erfolgen hat, deren dabei gefundener Fettsäuregehalt gleichfalls von den „Trübstoffen" noch abgezogen werden muß.

4. Bestimmung der Kalkseifen.

Die Bestimmung des Kalkseifengehaltes in Fetten — der bei Knochenfetten ein recht erheblicher sein kann — beruht auf der Unlöslichkeit derselben in Äther oder Petroläther[1]). Infolgedessen löst man z. B. 20 g des zu untersuchenden Fettes in Petroläther und bringt den unlöslichen Rückstand auf ein Filter. Alsdann wäscht man so lange mit Petroläther nach, bis eine Probe des Filtrats nach dem Verdunsten keinen Fettrückstand hinterläßt.

Nach dem Durchstoßen des Filters mit einem Glasstab spült man die Masse mit Hilfe der Spritzflasche in einen Erlenmeyerkolben und versetzt mit etwas Salzsäure. Hierdurch wird die Fettsäure in Freiheit gesetzt und dann nach dem Ausschütteln mit Äther zur Wägung gebracht. Das Resultat gibt die an Kalk gebunden gewesene Fettsäuremenge an, welche dem Gesamtfettgehalt zuzurechnen ist.

5. Bestimmung des Gehaltes an freier Mineralsäure.

Bisweilen enthalten die Fette, besonders, wenn sie als Nebenprodukte anderer Industrien gewonnen werden, auch einen Gehalt an Mineralsäure (Schwefelsäure oder Salzsäure).

Qualitativ überzeugt man sich davon, indem man einige Gramm des Fettes oder Öles mit warmem Wasser in einem Schütteltrichter durchschüttelt und das abgesetzte Wasser mit Methylorange auf seine Reaktion prüft. Durch wiederholtes

---

[1]) Der SP darf nicht über 65° C betragen.

Waschen und Sammeln der Wasser kann die Mineralsäure aus dem Fett quantitativ abgeschieden werden. Bei Anwendung einer gewogenen Menge Substanz ergibt alsdann eine Titration mit $^1/_{10}$ N.-Lauge den Gehalt an Mineralsäure.

6. Bestimmung der unverseifbaren Bestandteile in Fetten und Ölen, d. i. des „Unverseifbaren".

Die Bestimmung des Unverseifbaren beruht auf dem Prinzip der Ausschüttelung der Seifenlösung des zu untersuchenden Fettes mittels Petroläther. Hierbei nimmt dieser das Unverseifbare in sich auf, und kann dieses nach Abdunsten des Petroläthers bestimmt werden. Die zuerst vorzunehmende Operation ist demnach diejenige der Verseifung.

Zu diesem Zweck wiegt man sich auf einer Tarierwage genau 10 g Fett in einem ca. 150 ccm fassenden Kolben ab, und verseift es mit 5 g Ätzkali, in wenig Wasser gelöst, unter Zusatz von ca. 50 ccm 96 proz. Alkohol. Den Kolben erhitzt man dabei auf dem Wasserbade ca. $^1/_2$ Stunde am Rückflußkühler, verdünnt mit 50 ccm Wasser und läßt erkalten. Nun füllt man die Seifenlösung in einen Schütteltrichter um — ohne mit Wasser nachzuspülen —, worauf man mit 100 ccm Petroläther von höchstens 65° C, SP., kräftig ausschüttelt und dann noch zweimal mit je 50 ccm Petroläther extrahiert. Die vereinigten Petroläther-Auszüge sind stets dreimal mit je 10—20 ccm 50proz. Alkohols von etwa gelösten Seifen- und Alkaliresten durch Ausschütteln zu befreien. Ein geringer Zusatz von Phenolphthaleïn zum Waschalkohol ist dabei zweckmäßig, weil auftretende Rötungen beim Ausschütteln die Anwesenheit von alkalischen Verunreinigungen sofort erkennen lassen.

Bei der Ausschüttelung des Unverseifbaren mit Petroläther ist darauf zu achten, daß dieselbe immer aus einer nicht weniger als 50 Proz. Alkohol enthaltenden Flüssigkeit erfolgt.

Die vereinigten Petrolätherschichten werden nun in einen trockenen, gewogenen Erlenmeyerkolben umgeleert, wobei man vermeidet, daß abgesetzte Wassertropfen mit übergefüllt werden.

Das Abdampfen des Extraktionsmittels geschieht am besten in Schottschen oder Griffinschen Kölbchen auf dem Wasserbade und unter nachherigem Trocknen im Wassertrockenschrank bis zur Gewichtskonstanz.

Zur Vermeidung etwaiger Fehler bei der vorausgegangenen Verseifung empfiehlt es sich, das so gewonnene Unverseifbare unter Zusatz von Alkohol und alkoholischer Kalilauge nochmals zu verseifen, das Reaktionsgemisch erneut mit Petroläther zu extrahieren und wie oben weiter zu behandeln.

Für die Bestimmung des Unverseifbaren kann auch das Reaktionsgemisch der S. 24 bei Ermittelung der Verseifungszahl aus den beiden Bestimmungen gewonnenen Seifenlösung entsprechend 5—8 g Substanz, genommen werden, wobei man die Seifenlösungen aber wieder alkalisch zu machen hat.

7. Die Bestimmung des Gesamtfettes (Ätherextrakt).

1. Sind einem Fette größere Mengen fremder Substanzen beigemengt, so wird auch eine direkte Bestimmung des Fettgehaltes vorgenommen, die sich mit der Ermittelung des Gehaltes an festen Beimengungen (Nichtfetten)˙ vereinigen läßt, indem man das dabei erhaltene Filtrat in einem gewogenen Gefäße abdunstet und den Rückstand trocknet und wägt.

2. Diese Bestimmung läßt sich jedoch besonders bei Gegenwart schleimiger Substanzen weit bequemer und genauer durchführen, wenn man ca. 5 g des Fettes mit der 4—6fachen Menge reinen, fein gemahlenen Gipses mischt, bei 100° C trocknet und sodann in einen Extraktionsapparat bringt, wie deren zahlreiche für die Zwecke der Fettanalyse konstruiert worden sind.

Als „Gesamtfettgehalt“ sieht man dabei alles das an, was sich im Äther oder Petroläther löst.

Bei vielen minderwertigen Fetten ergibt jedoch diese Art der Untersuchung kein richtiges Bild von dem Gehalt an wirklich vorhandenem seifebildendem Fett, da sich vielfach auch neben Fett andere Stoffe im Petroläther mitlösen, welche bei der weiteren Bestimmung des Unverseifbaren nicht als solches ermittelt werden, sondern gelöst oder ungelöst in der Seifenlösung zurückbleiben. Diese Körper werden jedoch unrichtigerweise mit als Fett gerechnet, während sie in Wirklichkeit keine Seife zu bilden vermögen.

Es ist aber für den Seifenfabrikanten höchst wichtig, bei Fetten nur das als Gesamtfett oder Gesamtfettsäure angesprochen zu sehen, was wirklich seifebildendes Fett darstellt, und nicht alles Petrolätherlösliche nach Abzug des etwa ermittelten Gehaltes an petrolätherlöslichem Unverseifbaren. An Stelle des Ausdruckes „Gesamtfett" wäre daher für diese Methode der Fettbestimmung weit besser am Platze die Bezeichnung „Ätherextrakt" und „Petrolätherextrakt", wie dies bei der Fettbestimmung in Nahrungs- und Genußmitteln ja auch üblich ist. Ein weiterer Mangel dieser Fettbestimmungsmethode ist die Schwierigkeit der Trocknung bis zur Gewichtskonstanz, die bei Untersuchungen von Kernöl und Kokosöl oder noch mehr von deren Fettsäuren überhaupt nicht in richtiger Weise zu erreichen ist. Noch unrichtiger ist es, den Fettgehalt — das einzig Wertvolle des Untersuchungsobjektes — aus der Differenz 100 minus Wasser und Schmutz zu berechnen, wie die „Wiener Methode" vorschreibt.

Die zuverlässigste Methode der Bestimmung des verseifbaren Fettes ist diejenige der Berechnung aus der Verseifungszahl und dem mittleren Molekulargewicht bzw. der Säurezahl der reinen Fettsäure des Untersuchungsobjektes. Weiteres hierüber siehe S. 36 u. f.

Die chemischen Konstanten und Variablen der Fette und Öle.

Diese Methoden bestehen in der Ermittelung gewisser Zahlenwerte, die von der Beschaffenheit der einzelnen Fettsäuren eines Fettes oder Öles abhängen. Die mittels der nachstehenden Methoden zu ermittelnden Zahlenwerte kann man dabei in zwei Klassen einteilen: 1. Konstanten und 2. Variablen.

Unter Konstanten sind diejenigen Zahlen zu verstehen, die für die Natur eines Öles oder Fettes charakteristisch sind und daher in hervorragendem Maße zur Identifizierung einer gegebenen Probe dienen. Sie werden in dem reinen filtrierten Fett oder Öl bestimmt[1]).

[1]) Dienen sie zur Ermittelung prozentualer Gehalte eines zu untersuchenden Fettes oder Öles, so erfolgt Umrechnung auf das Fett in natura.

Außer diesen Konstanten lassen sich auch Zahlenwerte ermitteln, die uns eine Handhabe zur Beurteilung der Qualität einer Probe liefern. Diese Zahlen hängen von der Art der Reinigung des Rohproduktes, der Ranzidität, dem Alter und anderen Umständen ab — die Variablen. Zur Feststellung dieser dienen die Fette und Öle in natura.

A. Die Untersuchung der Fette und Öle auf ihre Konstanten.

1. Die Verseifungszahl (Köttstorferzahl)

gibt die Anzahl von Milligrammen Kalihydrat an, welche für die Verseifung eines Grammes Fett oder Öl erforderlich sind. Mit anderen Worten, sie gibt die in Zehntelprozenten ausgedrückte Menge Kalihydrats an, die zur Neutralisation der gesamten, in einem Gramm Fett oder Öl enthaltenen Fettsäure erforderlich ist.

Für die Ermittelung der Verseifungszahl sind nötig: 1. eine $^1/_2$ normale Salzsäure; 2. eine zur $^1/_2$ N Salzsäure annähernd gestellte alkoholische Kaliumhydratlösung, welche wie folgt bereitet wird: Man löst zunächst etwa 30 g festes Kalihydrat in einem Liter Alkohol vom spez. Gew. 0,81 auf. Die alkoholische Lösung läßt man 2—3 Tage stehen und filtriert sie, wenn nötig, durch Glaswolle oder Asbest in eine Flasche. Die Flasche wird an einem kühlen Orte aufbewahrt. Es ist nicht erforderlich, sie gegen Tageslicht zu schützen.

War der Alkohol rein, was erforderlich ist, so wird die Lösung farblos sein und erst nach längerem Stehen eine schwach gelbe Färbung annehmen.

Die Bestimmung der Verseifungszahl wird in folgender Weise ausgeführt: Man wiegt in einem kleinen Wägegläschen 2,5 bis 4 g des reinen und filtrierten Fettes ab. Alsdann bringt man das Wägegläschen in einen Kolben von 150 bis 200 ccm Inhalt und fügt aus einer Bürette 50 ccm der alkoholischen Kalilauge (ca. $^1/_2$ N) hinzu.

Nun wird der Kolben mit einem langen Kühlrohre versehen oder an einem Rückflußkühler angebracht und auf dem siedenden Wasserbade oder auf einem Sandbade eine halbe Stunde lang unter häufigem Umschwenken erwärmt, so daß der Alkohol schwach siedet. Die Lösung muß alsdann völlig homogen sein; etwa herumschwimmende oder am Boden liegende Öltröpfchen würden anzeigen, daß die Verseifung nicht beendet war. Falls etwa zuviel Alkohol sich verflüchtigt hat, ist es ratsam, etwas frischen, zuvor genau neutralisierten Alkohol hinzuzufügen. Zu der noch warmen Lösung wird alsdann 1 ccm einer einprozentigen Phenolphthaleïnlösung zugesetzt und der Überschuß des Kalihydrats mit einer $^1/_2$normalen Salzsäure zurücktitriert.

Es ist gleichzeitig ein blinder Versuch unter genau denselben Bedingungen auszuführen. Auf diese Weise wird jede Fehlerquelle, wie z. B. Kohlensäure der Luft, so weit als möglich eliminiert.

Die Differenz der Anzahl von Kubikzentimetern Salzsäure, die in den beiden Versuchen gebraucht wurden, entspricht der zur Verseifung erforderlichen Menge Kalihydrats. Durch Division dieser Zahl durch die Anzahl der eingewogenen Milligramme der Probe wird die Verseifungszahl erhalten.

Sie ist stets doppelt auszuführen, wobei, je nach dem Fettsäuregehalt der Untersuchungsobjekte, mindestens $2^1/_2$—4 g Substanz anzuwenden sind. Bei stark fettsäurereichen Mustern oder Fettsäuren (Oleïn) müssen mindestens 4 g Substanz in Arbeit genommen werden.

Anmerkung zur Ausführung der Bestimmung der Verseifungszahl in Fetten und Ölen.

Es gibt hier und da fast fettsäurefreie Fette und Öle, welche sich recht schwer verseifen lassen, weil sie teils am Boden liegen bleiben, teils auch in einer mehr oder weniger vollkommenen alkoholischen Lösung über der zugesetzten Lauge stehen und so zu wenig Berührungsflächen für den chemischen Angriff derselben darbieten. Der ganze Prozeß leidet also an dem Mangel einer vorherigen guten Emulsion. In solchen Fällen kommt es vor, daß selbst nach einstündigem Kochen das Kriterium der vollständigen Verseifung noch nicht eingetreten ist. Ehe man nun Schlüsse über das Vorhandensein großer Mengen von „Unverseifbarem" zieht, sollte man bedenken, daß es im Handel Fette und Öle für Seifensiederei, die so große Mengen unverseifbarer Substanzen enthalten, daß sie auf der alkoholischen Seifenlösung nach einstündiger Verseifungsdauer noch als sichtbare Fettaugen herumschwimmen oder darin am Boden liegen bleiben könnten, nur in äußerst seltenen Fällen gibt. Das Moment der schweren Verseifbarkeit sucht man daher zu beseitigen. Oft wird schon dieser Übelstand dadurch behoben, daß man zu der etwas abgekühlten Masse Äther oder Benzol zusetzt und dann erneut erwärmt. In schwierigen Fällen, wo dieses einfache Mittel nicht hilft, nimmt man den Rückflußkühler einfach fort und läßt das Reaktionsgemisch unter häufigem Umschwenken vollständig zum Brei eindampfen, setzt dann noch ca. 30 ccm dest. Wassers und ebensoviel Alkohol hinzu und verdampft die so entstehende Mischung auf dem kochenden Wasserbade noch einmal fast zur Trockne bezw. zur dicken Masse. Ist das geschehen, so löst man die nun ganz bestimmt verseifte Masse in ca. 50 ccm 60 prozentigen Alkohols warm auf, erwärmt noch einige Zeit unter gutem Umschwenken, und dann erst titriert man mit $^1/_2$ N.-Salzsäure zurück.

Liegen zur Untersuchung sehr dunkle Fette und Öle vor, so empfiehlt sich der Versuch der Verwendung von Alkaliblau an Stelle von Phenolphthaleïn als Indikator. Man verwendet dabei 2 ccm einer 2 prozentigen alkoholischen Lösung. Das gleiche gilt für die Titration dunkler Fettstoffe zur Fettsäuregehaltsermittelung.

Versagen auch diese Indikatoren, so ist zur Ermittelung der Verseifungszahl die Methode Stiepel anzuwenden[1]). Zur Ausführung der Bestimmung benötigt man neben den üblichen Reagenzien noch einer ca. $^1/_2$ N.-Chlorbaryumlösung von neutralem Charakter (techn. $BaCl_2 + 2$ aq $= 244$; $^1/_2$ N.-Lösung also 61 g im Liter) sowie gut ausgekochten, neutralen Wassers. Als Gefäß wird ein Kolben mit Marke 600 ccm am Halse desselben benutzt. Die Ausführung der Verseifung ist zunächst die übliche. Man bringt z. B. 5 g Fett oder Öl in

[1]) Seifenfabrikant 1909, No. 21 u. 22.

den Kolben, alsdann die alkoholische Lauge hinzu und kocht unter Rückfluß bis zur Verseifung etwa 20 Minuten. Alsdann gibt man in den Kolben aus einem Meßzylinder die gleiche Anzahl an Kubikzentimetern der $^1/_2$ N.-Chlorbaryumlösung, welche für die Verseifung an alkoholischem Alkali verwendet wurde, schüttelt kräftig um und setzt noch ca. 300 bis 400 ccm neutrales, gut ausgekochtes, destilliertes Wasser hinzu. Darauf erwärmt man wieder unter Luftabschluß durch Aufsetzen des Rückflußrohres etwa 30 Minuten. Das Erwärmen und die Länge der Zeit genügen, um eine gleichmäßige Lösung herzustellen. Der sich durch den Zusatz der Chlorbaryumlösung abspielende Prozeß ist sehr einfach. Gefällt wird eine Baryumseife nebst den indifferenten teerigen und färbenden Bestandteilen, zudem findet eine Umsetzung des noch überschüssig vorhandenen Ätzalkalis in Chlorid statt unter anderseitiger Bildung von Ätzbaryt in äquivalenten Mengen, die sich in der wäßrigen Lösung befinden. Die Barytseife scheidet sich im Kolben entweder in Form von Flocken ab, oder es setzt sich eine schmierige, dunkle, klebrige Masse an der Glaswandung fest, oder beide Formen finden sich vor. Nur in den seltensten Fällen — bei denen, wie später beschrieben, verfahren wird — ist die im Kolben befindliche Masse noch derart durch die Ausscheidungen gefärbt, daß eine direkte Titrierung nicht möglich ist. In der Regel verfährt man nun, wie üblich, weiter so, daß man nach Zusatz von Phenolphthaleïn als Indikator mit $^1/_2$ N.-Säure bis zum Neutralpunkt zurücktitriert. Die Berechnung der Verseifungszahl ist die übliche. Es kann auch zunächst etwas übertitriert und dann mit $^1/_2$ N.-Lauge wieder neutralisiert werden. Besteht in Einzelfällen die Vermutung, daß die Art der flockigen gefärbten Abscheidungen das Erkennen des Farbenumschlags doch erschweren würde, so verfährt man wie folgt:

Nach dem Zusatz der ca. 300 ccm Wasser und dem Erwärmen füllt man den Kolben bis ungefähr zur Marke 600 mit destilliertem Wasser weiter an, verschließt mit einem Stopfen und läßt in einem Wasserbad auf Zimmertemperatur abkühlen. Alsdann füllt man genau bis zur Marke 600 auf, genauer auf 600 plus Volumen ungelöster Seife oder wenigstens plus Volumen der Fettmenge, welch letztere bei der Berechnung außer Berücksichtigung bleibt, verschließt den Kolben wieder und schüttelt wiederholt kräftig durch.

Hat man nun den Kolbeninhalt einige Zeit, etwa 30 Minuten, der Ruhe überlassen zur Erzielung einer gründlichen Digestion und um dem Niederschlag Gelegenheit zum Absitzen zu geben — was aber nicht immer glatt erfolgt, so filtriert man unter den üblichen Vorsichtsmaßregeln durch ein Leinentuchfilter einen aliquoten Teil möglichst schnell ab und titriert diesen nach Zusatz von Phenolphthaleïnlösung mit $^1/_2$ N.-Säure. Die Anwendung dieser letzteren etwas komplizierteren Ausführungsform ist nur sehr selten nötig.

2. Bestimmung des Jodadditionsvermögens oder der Jodzahl der Fette nach von Hübl.

Die Jodzahl drückt die von einem Fette absorbierte Jodmenge in Prozenten des angewandten Fettes aus.

Die Methode beruht auf der Addition von Jod durch die ungesättigten Fettsäuren, und zwar addieren die Fettsäuren

der Stearinsäure-Reihe 0 Atome Jod
„ Ölsäure- „ 2 „ „
„ Leinölsäure- „ 4 „ „ usw.

Da sich bei dieser Methode die geringsten Versuchsfehler außerordentlich multiplizieren — die geringsten Ablesungsfehler können die Jodzahlen um 0,5—1 % verschieben —, ist peinlich genaues Arbeiten erforderlich. Zum Abmessen der Lösungen sind genau kalibrierte Pipetten und Büretten zu benutzen, auch ist für eine Lösung stets dasselbe Meßinstrument anzuwenden. Die Untersuchung ist doppelt auszuführen.

Erforderliche Lösungen.

1. Jodlösung. Es werden einerseits 25 g Jod, andererseits 30 g Quecksilberchlorid in je 500 ccm 95 proz., fuselfreiem Alkohol gelöst, letztere Lösung, wenn nötig, filtriert und beide Lösungen getrennt aufbewahrt. Die Mischung beider Lösungen für jeden Versuch erfolgt zu gleichen Teilen und soll mindestens 48 Stunden vor dem Gebrauch stattfinden.

2. Natriumthiosulfatlösung. Sie enthält im Liter zirka 25 g des Salzes. Die bequemste Methode zur Titerstellung ist

die Volhardsche: 3,8740 g wiederholt umkristallisiertes und nach Volhards Angabe geschmolzenes Kaliumbichromat löst man zum Liter auf.

Man gibt 15 ccm einer 10 proz. Jodkaliumlösung in ein dünnwandiges Stöpselglas, säuert mit 5 ccm konzentrierter Salzsäure an und verdünnt mit 100 ccm Wasser. Unter tüchtigem Umschütteln bringt man hierauf 20 ccm der Bichromatlösung hinzu. Jeder ccm derselben macht genau 0,01 g Jod frei. Man läßt nun unter Umschütteln von der Thiosulfatlösung zufließen, wodurch die anfangs stark braune Lösung immer heller wird, setzt, wenn sie nur noch weingelb ist, etwas Stärkelösung zu und läßt unter jeweiligem kräftigen Schütteln noch so viel Thiosulfat vorsichtig zufließen, bis der letzte Tropfen die Blaufärbung der Jodstärke eben zum Verschwinden bringt. Die Bichromatlösung läßt sich lange unverändert aufbewahren und ist so stets zur Kontrolle des Titers der Thiosulfatlösung vorrätig, welcher besonders im Sommer öfters neu festzustellen ist.

Berechnung: Da 20 ccm der Bichromatlösung 0,20 g Jod freimachen, wird die gleiche Menge Jod von der verbrauchten Anzahl ccm Thiosulfatlösung gebunden. Daraus berechnet man, wieviel Jod 1 ccm Thiosulfatlösung entspricht. Die erhaltene Zahl, den Koeffizienten für Jod, bringt man bei allen folgenden Versuchen in Rechnung.

3. Chloroform; am bestens eigens gereinigt.

4. 10 proz. Jodkaliumlösung.

5. Stärkelösung: Man erhitzt eine Messerspitze voll löslicher Stärke in etwas destilliertem Wasser; einige Tropfen der unfiltrierten Lösung genügen für jeden Versuch.

Ausführung der von Hüblschen Jodadditionsmethode.

Man bringt von trocknenden Ölen (z. B. Mohnöl) 0,15—0,18 g, von nicht trocknenden 0,3—0,4 g, von festen Fetten 0,8—1 g[1]) in das Stöpselglas, löst in 15 ccm Chloroform und läßt 30 ccm Jodlösung zufließen, wobei man die Pipette bei jedem Versuch in genau gleicher Weise entleert. Sollte die

[1]) Das Fett bzw. Öl ist vorher zu filtrieren und wird in einem kleinen Wägeröhrchen zunächst genau abgewogen.

Flüssigkeit nach dem Umschwenken nicht völlig klar sein, so wird noch etwas Chloroform hinzugefügt. Tritt binnen kurzer Zeit fast vollständige Entfärbung der Flüssigkeit ein, so muß man noch Jodlösung zugeben. Die Jodmenge muß so groß sein, daß noch nach $1^1/_2$—2 Stunden die Flüssigkeit stark braun gefärbt erscheint. Nach dieser Zeit ist die Reaktion bei nicht trocknenden Ölen sowie bei festen Fetten, wie Rindsfett, Schweinefett, Kokosöl beendet; bei trocknenden Ölen ist 18 stündige Einwirkungszeit erforderlich. Man operiert am besten bei Temperaturen von 15—18°, vor Einwirkung direkten Sonnenlichtes geschützt.

Man versetzt dann mit 15 ccm Jodkaliumlösung, schwenkt um und fügt 100 ccm Wasser zu.

Scheidet sich hierbei ein roter Niederschlag aus, so war die zugesetzte Menge Jodkalium ungenügend; doch kann man diesen Fehler durch nachträglichen Zusatz von Jodkalium verbessern. Man läßt nun unter oftmaligem Schütteln so lange Thiosulfatlösung zufließen, bis die wässerige Flüssigkeit und die Chloroformschicht nur mehr schwach gefärbt sind. Jetzt wird etwas Stärkelösung zugegeben und zu Ende titriert. Mit jeder Versuchsreihe ist ein sogenannter blinder Versuch, d. h. ein solcher ohne Anwendung eines Fettes zur Prüfung der Reinheit der Reagentien (namentlich auch des Chloroforms) und zur Feststellung des Titers der Jodlösung zu verbinden. Bei längerer als 2 stündiger Einwirkungsdauer, also bei trocknenden Ölen, ist die Bestimmung des Jodgehaltes der Hübl'schen Lösung sowohl bei Beginn des Versuches als auch am Ende der Einwirkung nach 18 Stunden auszuführen, da innerhalb so langer Zeit eine merkliche Abnahme des Titers der Jodlösung stattfinden kann.

Es genügen in der Regel 10 Proz. Jodüberschuß vollständig, nur bei trocknenden Ölen empfiehlt sich ein solcher von 30 Proz. der absorbierten Jodmengen.

Bei der Berechnung der Jodzahl ist der für den blinden Versuch nötige Verbrauch in Abzug zu bringen[1]). Bei trocknenden Ölen, wo der blinde Versuch vor und nach der

[1]) Die Jodlösung soll nur so lange gebraucht werden, als 25 ccm derselben noch mindestens 35 ccm der $^1/_{10}$ N.-Thiosulfatlösung beanspruchen.

Einwirkung der Jodlösung auszuführen ist, erfolgt die Berechnung des wirklichen vom Fett absorbierten Jodes durch Abzug des Mittelwertes der beiden blinden Versuche.

3. Bestimmung der flüchtigen Fettsäuren oder der Reichert-Meißlschen Zahl.

Dieselbe gibt die Anzahl Kubikzentimeter von zehntelnormaler Kalilauge an, die zur Neutralisation desjenigen Anteils der löslichen flüchtigen Fettsäuren notwendig sind, der aus 5 g eines Fettes oder Öles mittels des Reichertschen Destillationsverfahrens erhalten wird.

Beschreibung des Verfahrens.

Man gibt zu genau 5 g Fett in einem Kölbchen von etwa 300 ccm Inhalt 20 g Glyzerin und 2 ccm Natronlauge (erhalten durch Auflösen von 100 Gewichtsteilen Natriumhydroxyd in 100 Gewichtsteilen Wassers, Absetzenlassen des Ungelösten und Abgießen der klaren Flüssigkeit). Die Mischung wird unter beständigem Umschwenken über einer kleinen Flamme erhitzt; sie gerät alsbald ins Sieden, das mit starkem Schäumen verbunden ist. Wenn das Wasser verdampft ist (in der Regel nach 5 Minuten), wird die Mischung vollkommen klar; dies ist das Zeichen, daß die Verseifung des Fettes vollendet ist. Man erhitzt noch kurze Zeit und spült die an den Wänden des Kolbens haftenden Teilchen durch wiederholtes Umschwenken des Kolbeninhaltes herab. Dann läßt man die flüssige Seife auf etwa 80° bis 90° C abkühlen und wägt 90 g Wasser von etwa 80° bis 90° C hinzu. Meist entsteht sofort eine klare Seifenlösung; andernfalls bringt man die abgeschiedenen Seifenteile durch Erwärmen auf dem Wasserbade in Lösung. Man versetzt die Seifenlösung mit 50 ccm verdünnter Schwefelsäure (25 ccm konzentrierte Schwefelsäure im Liter enthaltend) und verschließt den Kolben nun sofort mittels eines schwanenhalsförmig gebogenen Glasrohres (von 20 cm Höhe und 6 mm lichter Weite), welches an beiden Enden stark abgeschrägt ist und mit einem Kühler (Länge nicht unter 50 cm) verbunden ist. Es werden nun genau 110 ccm abdestilliert[1]). Abpipettierte

[1]) Destillationsdauer etwas über eine halbe Stunde.

100 ccm des filtrierten Destillats werden mit $^1/_{10}$-Normallauge und Phenolphthaleïn titriert; die gefundene Menge wird mit 1,1 multipliziert und davon die in einem blinden Versuche gefundene Menge abgezogen. Die erhaltene Zahl ist die Reichert-Meißlsche Zahl.

4. Die Hehnerzahl.

Die Hehnerzahl gibt die Prozente der aus einem Fett oder Öl erhältlichen Menge von unlöslichen Fettsäuren und Unverseifbarem an.

Zu der Bestimmung dieser Zahl dient folgende Methode.

Eine zwischen 3—4 g liegende Menge des filtrierten Fettes wird aus einem mit Glasstab versehenen Becherglase in eine Porzellanschale von etwa 13 cm Durchmesser eingewogen. Alsdann werden 50 ccm starken Alkohol und 1—2 g festen Kalihydrates hinzugefügt und die Masse unter beständigem Umrühren auf dem Wasserbade erhitzt, bis eine klare Lösung entstanden ist.. Auf Zusatz eines Tropfens destillierten Wassers darf keine Trübung entstehen; tritt diese ein, so muß noch länger erhitzt werden, um völlige Verseifung herbeizuführen [1]). Die klare Lösung wird dann eingedampft, bis der Alkohol sich verflüchtigt hat, der Rückstand in 100—150 ccm Wasser gelöst und mit verdünnter Schwefelsäure versetzt, bis die Lösung deutlich sauer ist. Man erhitzt alsdann die Flüssigkeit, bis die Fettsäuren als ein klares Öl auf der Oberfläche schwimmen. Diese werden auf ein Filter von 10 bis 13 cm Durchmesser, das zuvor bei 100° getrocknet und in einem mit einem Uhrglase bedeckten kleinen Becherglase genau abgewogen wurde, gebracht. In der Wahl des Filtrierpapieres sei man vorsichtig, da manche Filtrierpapiere die Flüssigkeit trübe durchlaufen lassen. Es ist ratsam, das Papier mit heißem Wasser zu füllen, ehe die Fettsäure auf das Filter gebracht wird, und dasselbe bis zur Beendigung der Filtration stets voll zu halten. Die Fettsäuren werden auf dem Filter mit siedendem Wassers ausgewaschen, bis einige Kubikzentimeter des Waschwassers Lackmustinktur oder Methylorange

[1]) Siehe S. 25.

nicht mehr röten. Zum Entfernen der Laurinsäure sind manchmal 2—3 Liter Waschwasser notwendig. Nach Beendigung des Auswaschens wird der Trichter mitsamt dem Filter in ein mit kaltem Wasser gefülltes Gefäß gebracht, sodaß die Flüssigkeit in dem Filter durch den hydrostatischen Druck auf demselben Niveau erhalten wird. In den meisten Fällen erstarren die Fettsäuren zu einer festen Masse, so daß beim Herausheben des Trichters die Flüssigkeit ablaufen kann. Bleiben die Fettsäuren flüssig, so läßt man das Wasser vorsichtig ablaufen, bringt das Filter samt Inhalt in das zum Abwiegen des getrockneten Filters benutzte Becherglas und trocknet bei 100° etwa 2 Stunden. Man wägt alsdann, trocknet nochmals etwa 1½ Stunden und wägt wieder. Die Differenz zwischen den beiden Wägungen wird meistens nur 1 mg betragen. Genau übereinstimmende Werte sind nicht zu erwarten, da zwei Fehlerquellen (die sich jedoch teilweise kompensieren) zu berücksichtigen sind, von denen die eine eine Gewichtszunahme, die andere eine Gewichtsabnahme verursacht. Denn einerseits können etwa vorhandene stark ungesättigte Fettsäuren sich oxydieren, während andererseits geringe Mengen von Fettsäuren sich verflüchtigen. Es ist daher ratsam, falls stark ungesättigte Fettsäuren vorliegen, das Trocknen in einem Kohlensäurestrome oder einem Wasserstoffstrome auszuführen.

B. Die Untersuchung der Fette und Öle auf ihre Variablen.

1. Bestimmung der freien Fettsäuren — Säurezahl.

In einem säurefreien Gemisch von gleichen Teilen Äther und Alkohol werden genau gewogene ca. 5 g Fett oder Öl gelöst und mit wäßriger $^1/_{10}$ Normal-Kalilauge unter Verwendung von Phenolphthaleïn als Indikator gesättigt, wobei man, falls sich die Lösung trübt, gelinde anwärmt.

Die zur Sättigung der freien Fettsäuren verbrauchte Anzahl ccm Alkalilauge drückt man aus entweder in:

1. Säurezahlen, worunter man die mg KOH. versteht, welche zur Sättigung von 1 g des Fettes erforderlich sind, „Säurezahl“ oder

2. als freie Säure (= Ölsäure) in Prozenten[1]) des Fettes aus. 1 ccm Normal-Alkalilauge entspricht 0,282 g Ölsäure.
3. als „Säuregrad“ = Anzahl ccm Normalkali für 100 g Fett aus.

2. Die Ätherzahl oder Esterzahl.

Die Äther-(Ester-)Zahl gibt die Anzahl mg Kalihydrat an, welche zur Verseifung der neutralen Ester in 1 g des Fettes nötig sind.

Bestimmung. Nachdem die Säurezahl und Verseifungszahl eines Fettes ermittelt worden ist, ergibt sich die Ätherzahl durch Rechnung, und zwar ist — entsprechend der Definition jener Zahlen — die Differenz zwischen Verseifungs- und Säurezahl die Esterzahl.

Beispiel:	Verseifungszahl	= 193,9 (mg KOH)
	Säurezahl . .	= 180,4 (mg KOH)
	Esterzahl . .	= 13,5 (mg KOH)

Bei dunklen Fetten, bei denen eine direkte Titration nicht möglich ist, verfährt man gleichfalls nach Methode Stiepel[2]) wie folgt, wobei zu bemerken, daß hier die Esterzahl direkt bestimmt wird und die Säurezahl aus der Differenz: Verseifungszahl minus Esterzahl berechnet wird.

Der hierfür eingeschlagene Weg ist der, daß zunächst die freie Fettsäure mit einem Überschuß an Soda verseift wird, und sodann die Verseifung des Neutralfettes mit alkoholischer Lauge erfolgt. Durch Zusatz von Chlorbaryumlösung wird sodann die Seife mit den Farbstoffen gefällt sowie die Soda in kohlensauren Baryt und Kochsalz umgesetzt, worauf das in Lösung gebliebene Ätzerdalkali mit Oxalsäure zurücktitriert wird. Die Ausführung der Bestimmung des Neutralfettgehaltes in dunklen Fetten und Ölen geschieht danach wie folgt:

5 g dunkles Fett oder Öl werden in einem ca. 600 ccm fassenden Kolben mit ca. 1,5 g kalz. Soda und 50 ccm etwa

---

[1]) Diese Berechnung auf Ölsäure erfolgt bei allen Fetten und Ölen mit Ausnahme von Kokosöl und Kernöl, bei welchen für die Berechnung auf freie Fettsäuren eine mittlere Säurezahl von 250 für Kernöl und 260 für Kokosöl zugrunde zu legen ist.

[2]) Siehe S. 26.

50proz. Alkohol übergossen und am Siederohr einige Zeit gekocht. Hierbei tritt alsbald Verseifung der vorhandenen freien Fettsäure ein unter Austreibung der frei werdenden Kohlensäure. Dann fügt man 50 ccm $^1/_2$ n alkoholischer Lauge hinzu und kocht erneut am Siederohr einige Zeit bis zur Verseifung des vorhandenen Neutralfettes. Nach erfolgter Verseifung gibt man 150 ccm einer 5proz. neutralisierten Chlorbaryumlösung sowie ausgekochtes destilliertes Wasser bis zu einem Gesamtvolumen von etwa 400 ccm in den Kolben und erwärmt einige Zeit unter Aufsetzen des Siederohres, um eine gleichmäßige Lösung im Kolben zu erzielen. Wie schon früher bemerkt, wird durch den Chlorbaryumzusatz die Seife als Barytsalz gefällt, welche zugleich die Farbstoffe mit niederschlägt. Daneben wird der Überschuß an Soda in unlösliches und daher indifferentes kohlensaures Baryum und Kochsalz umgesetzt, während die noch vorhandene Ätzalkalität als Barythydrat in Lösung verbleibt. Nach dem Abkühlen des Kolbeninhaltes wird darauf mit $^1/_2$N.-Oxalsäure unter Zusatz von etwas Phenolphthaleïnlösung bis zur Neutralität zurücktitriert.

Aus den verbrauchten Kubikzentimetern an Lauge berechnet sich die Esterzahl; Verseifungszahl minus Esterzahl ist aber die Säurezahl des untersuchten Fettes.

3. Bestimmung des Glyzeringehaltes der Fette.

Da die Fette durch Alkali nach folgender Gleichung gespalten werden:

$$\underset{\text{Fett}}{C_3H_5(OR)_3} + \underset{\text{Ätzkali}}{3\,KOH} = \underset{\text{Glyzerin}}{C_3H_8O_3} + \underset{\text{Kaliseife,}}{3\,ROK}$$

so ist die Esterzahl ein Maßstab für den Glyzeringehalt eines Fettes.

Setzt man in obige Gleichung für Ätzkali und Glyzerin die Molekulargewichte ein, so erhellt, daß $3 \times 56 = 168$ g Ätzkali 92 g Glyzerin entsprechen, oder 1 g Ätzkali 0,5476 g Glyzerin.

Weiteres siehe Kapitel „Untersuchung glyzerinhaltiger Unterlaugen usw.“, S. 74.

4. Bestimmung des Unverseifbaren (siehe S. 21).

C. Berechnung der freien Fettsäure, des Neutralfettes und des Gesamtfettes in einem Untersuchungsobjekt auf Grund der Bestimmung der Säurezahl der reinen Fettsäuren.

a) Bestimmung der Säurezahl der reinen Fettsäuren eines Fettes oder Öles.

Hierzu werden die gesammelten Seifenwässer von der Bestimmung des Unverseifbaren verwendet oder solche in gleicher Weise hergestellt. Die Seifenwässer werden zur Entfernung des Alkohols stark eingedampft[1]) und dann, mit warmem Wasser aufgenommen, in einen Scheidetrichter übergeführt. Zur Bestimmung der Säurezahl der reinen Fettsäure wird nun wie folgt verfahren:

Zunächst wird die Seifenlösung mit verdünnter Salzsäure zerlegt und sodann nach dem Erkalten mit Äther oder Petroläther — ca. 100—150 ccm — ausgeschüttelt. Nach dem Abziehen des Säurewassers wird nun mit destilliertem Wasser so lange gewaschen, bis die Waschwasser keine Chlorreaktion mehr zeigen. Alsdann wird soviel der Ätherlösung in einen mit Glasstab gewogenen Becher[2]) filtriert, daß ca. 3—5 g Öl darin enthalten sind, und der Äther auf dem etwas angewärmten Wasserbade möglichst abgedunstet. Nach Zugabe von ca. 50 ccm Alkohol und einem Tropfen Phenolphthaleïnlösung wird darauf mit der alkoholischen Kalilauge bis zur Neutralisation titriert.

Die bei der Titration erhaltene Seifenlösung wird auf dem Wasserbad eingedampft und der Verdampfungsrückstand im Wassertrockenschrank, ca. 99° C, bis zur Konstanz getrocknet, wobei von Zeit zu Zeit der Becherinhalt mittels des Glasstabes aufzulockern ist.[3]) Aus der so gefundenen Menge fettsauren Kaliums berechnet man die Fettsäure nach der Formel

$$X = A - 0.03814\ b,$$

in welcher bedeutet

A = die gewogene Menge fettsauren Alkalis,

b = die zur Neutralisation der Fettsäure verbrauchten auf ccm $^1/_1$ N.-Kalilauge umgerechneten Mengen alkoholischer Lauge.

---

[1]) Siehe Titerbestimmung, S. 14.

[2]) Am besten ein sog. Philippsbecher von 300 ccm Inhalt.

[3]) Siehe auch S. 49.

Aus der gefundenen Menge Fettsäure und der zu ihrer Neutralisation benötigten Menge $^1/_1$N.-Kali berechnet sich die Säurezahl in einfacher Weise. Wurde gefunden: Fettsäuremenge = 3,42 g und ein Verbrauch an $^1/_1$N.-Kali = 12,4 ccm, so ist die Säurezahl der im untersuchten Fett oder Öl enthaltenen reinen Fettsäuren = 203.

Dieses Verfahren dürfte für alle Fette und Öle, — auch Kernöle und Kokosöle — die richtigsten Resultate geben, weil eine Trocknung der Fettsäuren vermieden wird, die stets zu Ungenauigkeiten führt.

b) Berechnung[1]) der prozentualen Gehalte an freien Fettsäuren, Neutralfett und gesamtverseifbarem Fett.

An Hand der Säurezahl (s) der Fettsäuren eines Fettes und Öles berechnet sich aus der ermittelten Säurezahl (a) der prozentuale Gehalt an freier Fettsäure nach der Proportion

$$100 : s = x : a \quad \text{(siehe auch S. 33 u. 34)}$$

$$x = \frac{a \cdot 100}{s}$$

und aus der ermittelten Verseifungszahl (b) der prozentuale Gehalt an Gesamtfettsäure nach der Formel

$$X_1 = \frac{b \cdot 100}{s}.$$

Die Differenz von Gesamtfettsäure minus freier Fettsäure ist der prozentuale Gehalt an als Neutralfett (c) vorhandener gebundener Fettsäure.

Nach der Formel $C_3H_5(OR)_3 + 3\,H_2O = 3\,ROH + C_3H_8O_3$ entsprechen aber

$$100 \text{ Fettsäure} = 100 \,\frac{(3\,m + 38)}{3\,m}$$

$$\text{mithin c Proz. Fettsäure} = c\,\frac{(3\,m + 38)}{3\,m} \text{ Proz. Neutralfett.}$$

Freie Fettsäure + Neutralfett ist aber das verseifbare Gesamtfett eines Fettes oder Öles.

---

[1]) Diese bezieht sich zunächst auf die filtrierten Fette, es müssen daher für die Analyse die Zahlen auf Fett in natura umgerechnet werden. m = Molekulargewicht der Fettsäure, s. S. 38.

c) **Berechnung des Molekulargewichts der Fettsäuren.**

Aus der ermittelten Säurezahl (s) berechnet sich das Molekulargewicht (m) derselben nach der Formel:

$$m = \frac{56140}{s}.$$

Nachweis von Verfälschungen von Fetten und Ölen.

Einleitung.

Wie schon S. 12 bemerkt, gibt die Refraktometerzahl vielfach schon einen Anhalt dafür, ob in dem Untersuchungsobjekt ein reines Fett oder Öl bekannter Herkunft vorliegt, oder ob eine Verfälschung wahrscheinlich ist. Einen weiteren Schluß wird man auf Grund der Refraktometerzahl im allgemeinen nicht ziehen können. Für die Unterscheidung der einzelnen Öle voneinander bieten meist die Bestimmungen der Verseifungszahl, der Reichert-Meißlschen Zahl, der Jodzahl und der Azetylzahl sowie die Alkohol-Löslichkeit die wertvollsten Anhaltspunkte. Zudem besitzt die Fettchemie noch einige Reaktionen, welche zum Nachweis einzelner Öle in Gemischen dienen können.

Phytosterin- und Phytosterinazetatprobe nach Boemer[1]).

Dieselbe dient zur Unterscheidung von Tier- und Pflanzenfetten sowie zum Nachweise von Pflanzenfetten in Tierfetten.

Der Ausführung dieser Prüfungen hat die Abscheidung der sog. unverseifbaren Fettanteile, des „Unverseifbaren", voranzugehen. Zu diesem Zweck werden 50 g. Fett und 95 ccm einer 15 proz. alkoholischen Kalilauge auf dem Wasserbade in einer möglichst tiefen Porzellanschale unter Benutzung eines Nickelspatels verseift und so lange umgerührt, bis ein vollkommen trockenes Seifenpulver entstanden ist. Hierauf bringt man das Seifenpulver sofort in einen geräumigen Scheidetrichter, über dessen Glashahn ein Wattebausch sich befindet. Nach Zugießen von wasserfreiem Äther überläßt man das Ganze einige Stunden sich selbst, wodurch alle unverseifbaren

---

[1]) Zeitschr. für Unters. d. Nahrungs- u. Genußmittel 1898, 1. 81, und 1901, S. 1070.

Anteile, insbesondere Cholesterin und Phytosterin in Lösung gehen. Schließlich wird die ätherische Flüssigkeit unter Benutzung eines trocknen Filters in ein Erlenmeyerkölbchen abgelassen und darin der Äther zur Abdunstung gebracht. Der Rückstand ist nochmals mit 5 ccm 15 proz. alkoholischer Kalilauge zu verseifen, alsdann wieder mit Äther zu extrahieren. Hierauf filtriert man den neuen ätherischen Auszug in ein Schälchen, dampft den Äther langsam ab und behandelt den Rückstand mit heißem, absolutem Alkohol. Überläßt man den alkoholischen Auszug der Verdunstung (bis auf 1—2 ccm Flüssigkeit), so bilden sich meist schon jetzt gut ausgebildete Cholesterin- bezw. Phytosterin-Kristalle, die am besten durch Trockensaugen auf einer Ton-Filterplatte von der anhaftenden Mutterlauge befreit werden. Eine Reinigung der Kristalle durch Auflösen in absolutem Äther, Verdampfen zur Trockne und 2 maliges Umkristallisieren mit absolutem Alkohol ist unerläßlich.

Man erhält auf diese Weise meist entweder plattenförmige Kristalle (Cholesterin) oder büschelige Nadeln (Phytosterin) oder auch Mischkristalle beider Typen.

Die Kristalle sind zunächst mikroskopisch zu untersuchen, wobei man zweckmäßig stark kondensiertes Tageslicht, wenn möglich auch polarisiertes Licht verwendet. Die Unterschiede in den Kristallformen bestehen in folgendem:

Cholesterinkristalle: Dünne Tafeln mit meist rhombischem Umriß, wahrscheinlich dem triklinen Kristallsystem angehörend. Diagonale Auslöschungsrichtung.

Phytosterinkristalle: Dünne, verhältnismäßig breite Nadeln mit zweiseitiger Zuspitzung oder Abschrägung an den Enden. Zuweilen auch sechsseitige breite Tafeln. Auslöschungsrichtung parallel der Längsrichtung der Kristalle.

Mischung von Cholesterin und Phytosterin. Bei annähernd gleichem Mischungsverhältnisse oder Vorherrschen von Phytosterin ist die Kristallform des Phytosterins maßgebend. Liegt ein Überschuß an Cholesterin vor, so entstehen große Mengen äußerst feiner kurzer Kristallnädelchen, die sich bei genauer Untersuchung als 3 seitige Säulchen erweisen.

Je nach dem Ausfall der mikroskopischen Untersuchung — Phytosterinprobe — wird man die Ausführung der

Phytosterinazetatprobe

folgen lassen.

Dieser Methode, welche sich zum qualitativen Nachweise aller Pflanzenfette in allen Tierfetten eignet, liegt das Prinzip zugrunde, einerseits durch Veresterung mit Essigsäureanhydrid die Azetate des Cholesterins bzw. Phytosterins herzustellen, andererseits den korrigierten Schmelzpunkt des reinen Esters zu bestimmen und aus der Höhe desselben auf An- oder Abwesenheit von Phytosterin bzw. Pflanzenfetten zu schließen.

Zu diesem Zwecke bringt man die wie vorbeschrieben erzielten Kristalle in ein dünnwandiges Glasschälchen mit flachem Boden, setzt 2—3 ccm Essigsäureanhydrid (Acidum aceticum purissimum anhydricum) hinzu und erhitzt unter Bedeckung des Schälchens mit einem Uhrglase auf dem Drahtnetze etwa $^1/_4$ Minute zum Sieden. Hierauf entfernt man zunächst das Uhrglas, verdampft das überschüssige Essigsäureanhydrid auf dem Wasserbade und erhitzt den Rückstand unter Wiederbedecken mit dem Uhrglase mit so viel absolutem Alkohol — meist sind 10—25 ccm nötig — bis Lösung des Esters erfolgt ist. Die erhaltene klare Flüssigkeit überläßt man bei Zimmertemperatur einer langsamen Kristallisation bzw. der Eindunstung auf $^2/_3$ des früheren Flüssigkeitsvolumens. Die ausgeschiedenen Kriställchen sind unter zweimaligem Aufgießen von 95 proz. Alkohol mit Hilfe eines kleinen Spatels auf einem kleinen Filterchen zu sammeln. Zur Beseitigung der dem Filter anhaftenden Flüssigkeit erweist sich Auflegen des nassen Filters auf Tonteller zweckmäßig. Hierauf kristallisiert man 2mal durch Wiederauflösung des Filterinhaltes in 2—10 ccm abs. Alkohol — je nach Menge der Kristalle — um und bestimmt von der dritten Kristallisation ab jedesmal den Schmelzpunkt des immer reiner werdenden Esters. Hierzu benutzt man zweckmäßig ein verkürztes Normalthermometer (t : 100—150°) nach Graebe-Anschütz und läßt dieses bis mindestens zu dem Teilstriche 116° bzw. bis zu dem zu erwartenden Schmelzpunkte des Esters in die Heizflüssigkeit eintauchen, wodurch sich eine spätere Korrektur des abgelesenen Schmelzpunktes erübrigt. Bei Benutzung längerer Thermometer muß nach folgender Formel die Korrektion für den aus der Heizflüssigkeit herausragenden Quecksilberfaden vorgenommen werden:

$$S = T + n(T - t) \,.\, 0{,}000159,$$

worin bedeutet:

S = den korrigierten Schmelzpunkt,
T = den beobachteten Schmelzpunkt,
n = die Länge des aus der Heizflüssigkeit hervorragenden Quecksilberfadens in Temperaturgraden,
t = die mittlere Temperatur der die hervorragende Quecksilbersäule umgebenden Luft, gemessen mittels eines zweiten Thermometers, welches man neben der Mitte des hervorragenden Quecksilberfadens anhängt.

Die Schmelzpunktangaben haben sich auf die vollständige Schmelzung der Ester zu beziehen (das Durchsichtigwerden, d. h. der Beginn des Schmelzens liegt durchweg etwa 0,5° tiefer!).

Beurteilung der Schmelzpunktergebnisse.

Reine Essigsäure-Ester des Cholesterins schmelzen nach Boemer bei nicht über 114,6° (korrig.). Genannter Autor schließt indessen erst dann auf Pflanzenfettzusätze, wenn die letzte Kristallisation der Ester bei 116° (korrig.) noch nicht vollständig geschmolzen ist.

Schmilzt der Ester aber erst bei 117° (korrig.) oder noch höher, so kann ein Gehalt an Pflanzenfett mit Bestimmtheit als erwiesen angesehen werden.

Nachweis fetter Öle in festen Fetten nach P. Welmans.

Zur Erkennung fetter Pflanzenöle überhaupt in festen Fetten wie Schweineschmalz kann die von P. Welmans beschriebene Reaktion mit Phosphormolybdänsäure unter Umständen gute Dienste leisten.

1 g des geschmolzenen und klar filtrierten Fettes (Schweinefett, Rindsfett usw.) löst man in einem dickwandigen, mit Stöpsel verschließbaren Reagenzglase in 5 ccm Chloroform, setzt 2 ccm frisch bereitete Phosphormolybdänsäure oder

phosphormolybdänsaures Natron und einige Tropfen Salpetersäure zu und schüttelt so kräftig wie möglich. Bei Abwesenheit von fetten Ölen bleibt das Gemisch gelb, bei deren Anwesenheit jedoch tritt eine Reduktion ein; die Mischung nimmt eine grünliche, ja bei bedeutenden Zusätzen eine smaragdgrüne Färbung an. Durch Vergleich mit absolut reinem Fett läßt sich der Unterschied zwischen gelb und grün leichter beobachten. Läßt man einige Minuten stehen, so scheidet sich die Flüssigkeit in 2 Schichten; die untere (Chloroform-) Schicht erscheint wasserhell, während die obere, falls fette Pflanzenöle vorhanden sind, schön grün gefärbt ist. Man vermeide niedere Temperaturen, damit sich das Fett nicht in festem Zustand wieder abscheidet. Man kann dann weiter die saure Mischung mit Ammoniak alkalisch machen, wobei die grüne Farbe in Blau übergeht, dessen Intensität der vorherigen Grünfärbung entspricht. Ein nur schwach blauer Schimmer muß aber unberücksichtigt bleiben.

Nachweis von Baumwollsamenöl.

a) Becchische Probe.

Man hat stets dafür zu sorgen, daß die Fette in klarfiltriertem Zustand zur Prüfung gelangen.

Die Becchische Probe wird am besten in folgender Weise ausgeführt: Man bereitet sich

I. eine Lösung von 1 g Silbernitrat in 200 g reinem Alkohol von 98 Proz. und 0,1 g Salpetersäure. Die Lösung, welche schwach sauer reagieren muß, wird filtriert;

II. eine Mischung von 100 g reinem Amylalkohol (Siedep. 130—132°) und 15 g Kolza- oder Rapsöl.

Zunächst hat man sich zu überzeugen, ob beim Erhitzen einer Mischung dieser beiden Reagenzien keine Reduktion des Silbernitrates eintritt, indem man 1 ccm I und 10 ccm II mischt, gut durcheinanderschüttelt und an einem gegen Einwirkung des Tageslichtes geschützten Ort $^1/_4$ Stunde im kochenden Wasserbad erhitzt. Hierbei darf nicht die leiseste Bräunung oder gar Schwärzung eintreten, wenn die Reagentien brauchbar sein sollen. Da namentlich in neuerer Zeit eine Verfälschung des Kolzaöls mit Baumwollsamenöl beobachtet worden ist, sehe man auf absolut reines Kolzaöl.

Die zu prüfenden Fette werden, wenn sie nicht ohnedies flüssig sind, geschmolzen und müssen stets filtriert werden; vom klaren Filtrat bringt man 10 ccm in ein dünnwandiges Kölbchen, gibt 10 ccm Reagens II und 1 ccm I zu und schüttelt gut durch, worauf man das Kölbchen an einem vor der Einwirkung des Tageslichts möglichst geschützten Orte ins kochende Wasserbad einhängt und genau $^1/_4$ Stunde darin beläßt. Bei Gegenwart von Cottonöl tritt eine intensive Reduktion der Silberlösung ein, indem sich metallisches Silber ausscheidet, und die Mischung eine tiefbraune bis schwarze Färbung annimmt. Nach Becchi wird aber die Reaktion bei weniger als 10 Proz. Cottonöl unsicher.

Bei festen Fetten empfiehlt es sich, nur 5 ccm zur Prüfung zu verwenden und diese zunächst im doppelten Volum absoluten Alkohols im Wasserbade zu lösen, ehe man die Mischung der Reagenzien I und II zusetzt.

Bei überhitztem Baumwollsamenöl kann die Becchische Reaktion unter Umständen ausbleiben.

b) die Halphensche Reaktion.

Gleiche Volumteile des zu untersuchenden Öles, Amylalkohol und fraktionierter Schwefelkohlenstoff, welcher 1 Proz. reinen Schwefel gelöst enthält, werden in siedender konzentrierter Kochsalzlösung 10—15 Minuten hindurch erhitzt. Bei Gegenwart von Cottonöl tritt orange bis rote Färbung ein.

Nachweis des Sesamöls nach Baudouin.

Zum Nachweis von Sesamöl in Speisefetten dient die Baudouinsche Reaktion in der veränderten Form von V. Villavechia und G. Fabris, welche den Zucker durch Furfurol (2 g auf 100 ccm Alkohol) ersetzen.

Zu 0,1 ccm Furfurollösung gibt man 5 ccm geschmolzenes Fett (oder 10 ccm Öl) und dann 10 ccm Salzsäure (vom spez. Gewicht 1,19), schüttelt eine halbe Minute lang und läßt dann stehen. Bei Gegenwart von Sesamöl ist die am Boden sich abscheidende Salzsäure deutlich karmoisinrot; im anderen Falle bleibt sie farblos oder nimmt höchstens eine schmutziggelbe Farbe an. Diese Reaktion ist für Sesamöl charakteristisch.

Nachweis von Erdnußöl nach A. Rénard mit Modifikationen von de Negri und Fabris.

Der Nachweis des Erdnußöles in anderen Fetten beruht auf der Isolierung der in dem Erdnußöl in verhältnismäßig großer Menge vorhandenen Arachinsäure, die durch ihren hohen Schmelzpunkt (75° C) charakterisiert ist. Das fragliche Fett wird verseift und aus der Seife werden die Fettsäuren abgeschieden. Durch fraktionierte Kristallisation derselben aus heißem Alkohol wird dann die Arachinsäure, welche sich zuerst abscheidet, isoliert und auf ihren Schmelzpunkt geprüft.

Nachweis von Harzöl in fetten Ölen durch Polarisation.

Zum Nachweis von Harzöl dient neben den chem. Konstanten der Öle auch die Polarisation, welche man mit dem natürlichen Öl oder in bestimmter Verdünnung mit Petroläther vornimmt. Die Harzöle drehen im 200-mm-Rohr im Halbschattenapparate mit Kreisgradteilung 30—40° rechts, während die Drehung aller fetten Öle des Tier- und Pflanzenreiches zwischen ± 1° schwankt. (Weiteres siehe unter Verfälschung durch Mineralöl S. 45.)

Nachweis von Harz — Kolophonium — in Fetten und Ölen.

Der Nachweis von Harz erfolgt quantitativ nach der Methode von Twitchell. Weiteres ist im Kapitel „Seifen“ S. 57 beschrieben.

Bezüglich weiterer qualitativer Reaktionen auf Fette und Öle sei auf das Handbuch von Benedikt-Ulzer (Verlag von Julius Springer, Berlin) verwiesen, jedoch ist zu bemerken, daß die Ergebnisse der Farbenreaktionen mit Vorsicht aufgenommen werden müssen. Der Grund hierfür liegt einerseits darin, daß die kleinsten Mengen von fremden Körpern, wie Eiweißkörper, Cholesterin, Phytosterin usw. den Verlauf der Reaktion beeinflussen, andererseits auch darin, daß diese Reaktionen, da sie größtenteils an die Gegenwart äußerst geringer Mengen bestimmter Verunreinigungen geknüpft sind, bei raffinierten Ölen und Fetten ganz anders ausfallen wie bei nicht gereinigten Produkten.

Nachweis von Mineralöl in Fetten und Ölen.

Einen Mineralölzusatz erkennt man vielfach schon, namentlich bei den Ölen, an einem fluoreszierenden Farbenring, welcher sich am Rand der Flüssigkeit zeigt. Analytisch ergibt er sich aus der anormalen Höhe des Unverseitbaren, das bei reinen Fetten und Ölen meist zwischen 0,5—1,5 Proz. schwankt.

Ob eine Verfälschung mit Mineral- oder Harzöl vorliegt, ergibt die spezielle Prüfung auf Harzöl.

Die Untersuchung von Seifen und Seifenpulvern.

I. Probeentnahme.

In allen Fällen ist vor der Probeentnahme das Nettogewicht des eingesandten Musters festzustellen und hierüber im Analysenattest ein Vermerk zu machen. Im allgemeinen sollten für die Untersuchung mindestens 100 g Probematerial zur Verfügung stehen. Die tunlichst in luftdicht schließenden Gefäßen, mindestens aber in Stanniolpackung eingesandten Proben sind nach Eingang sofort in luftdicht schließenden Glasgefäßen zu verwahren.

Da die Muster erfahrungsgemäß an ihrem äußeren Teile stark dem Austrocknen unterliegen, muß beim Probeentnehmen wie beim Abwägen große Umsicht geübt werden. Bei harten Seifen ist zwischen Block- bzw. Riegelseifen und Stückenseifen zu unterscheiden. Liegen Seifen der letzteren Art vor, so werden die Seifenstücke in der Längs- und Querrichtung halbiert und von den 4 erhaltenen Teilstücken an der Schnittstelle dünne Lamellen abgetrennt. Dieselben sind rasch zu zerkleinern und nach Durchmischung sofort zur Wägung zu bringen.

Bei Block- oder Riegelseifen ist die zur Analyse bestimmte Probe aus der inneren Mitte des Seifenstückes zu entnehmen; bei Schmierseifen wählt man die Mitte des übersandten Vorrates, sofern ein inniges Vermengen mittels eines Spatels nicht möglich ist. Liegen Seifenpulver vor, so ist das Muster sorgfältig zu durchmischen und hiervon eine entsprechende Probe zu verwenden.

Das Abwägen der Proben hat möglichst rasch zu erfolgen; nötigenfalls sind hierbei Wägegläschen zu verwenden.

II. Chemische Untersuchung:

Die Untersuchung muß sich nach den Erfordernissen des Einzelfalles richten. In Betracht kommen gewöhnlich:

1. Bestimmung des Wassergehaltes;
2. Bestimmung des „Gesamtfett"-Gehaltes;
3. Bestimmung des Gesamtalkalis;

ferner bei ausführlicher Untersuchung:

4. Bestimmung des an Fettsäure gebundenen Alkalis;
5. Bestimmung des freien Ätzalkalis (ev. auch Ammoniaks);
6. Bestimmung des kohlensauren Alkalis;
7. Bestimmung der freien Fettsäuren;
8. Bestimmung des unverseiften Neutralfettes;
9. Bestimmung der unverseifbaren fettartigen Stoffe;
10. Bestimmung des Harzgehaltes;
11. Bestimmung des Glyzerins;
12. Qualitativer und quantitativer Nachweis von organischen und anorganischen Zusatzstoffen;
13. Bestimmung von ätherischen Ölen, Kohlenwasserstoffen, Phenolen, Alkohol;
14. Qualitativer und quantitativer Nachweis von sauerstoffentwickelnden Substanzen;

15. Physikalisch-chemische Untersuchungen über die Natur des Fettansatzes.

In allen Fällen ist streng zwischen exakt wissenschaftlichen Methoden, Konventionsmethoden und Schnellmethoden zu unterscheiden. Liegen zwischen den beteiligten Parteien feste Abmachungen nicht vor, so sind im Zweifelsfalle nur jene Resultate als maßgebend zu betrachten, die auf Grund von konventionellen Methoden ermittelt wurden.

1. Bestimmung des Wassergehaltes.

a) Allgemeines.

Einwandfreie Ermittelungen dieses Bestandteiles durch Wägen des Trockenverlustes sind nur dann möglich, wenn in der Seife oder dem Seifenpulver außer Wasser andere flüchtige Stoffe, wie z. B. Kohlenwasserstoffe, nicht zugegen sind. Ist letzterer Fall gegeben, so wäre die Differenzmethode vorzuziehen, d. h. man ermittelt die Summe der Einzelbestandteile und bezeichnet den Rest von 100 als Wasser.

b) Konventionsmethode.

Diese besteht in einer direkten Wägung des Wasserverlustes, welchen Seife oder Seifenpulver bei langsamem Trocknen unter Temperaturen von 100°—105° erfährt. Materialien von normalem Wassergehalte (Kernseifen, Seifenpulver) können in der Regel ohne Zuhilfenahme von Sand oder Bimsstein ausgetrocknet werden, dagegen ist bei Seifen, die infolge ihres hohen Wassergehaltes bei 100° schmelzen und sich mit einem Häutchen überkleiden, die Gegenwart von ausgeglühtem Sand oder Bimsstein notwendig. Die Einwagen schwanken je nach Wassergehalt zwischen 5—8 g gut zerkleinerten Prüfungsmateriales. Vorteilhaft bedient man sich beim Austrocknen der flachen sog. „Wein-Platinschale“ und eines mittarierten Glasstabes, welch letzterer zum zeitweiligen Umrühren der Seifenmasse dient. Als Trocknungstemperatur sind anfänglich 60—70° zu wählen; erst später kann die Erhitzung auf 100 bis 105° bis zur annähernden Gewichtskonstanz gesteigert werden.

Diese Methode ist nur dann zulässig, wenn die unter a gegebenen Vorbedingungen erfüllt sind. In allen anderen Fällen ist die indirekte, sog. Differenzmethode zu wählen.

c) Schnellmethode nach Fahrion[1]).

In einem offnen Platintiegel werden 2—4 g Seife abgewogen, mit mindestens der dreifachen Menge Olein übergossen und wieder gewogen. Das Olein muß frei von allen flüchtigen Bestandteilen sein und ist daher zur Sicherheit zuvor einige Zeit auf 120° zu erhitzen, alsdann in gut verschlossenen Flaschen aufzubewahren. Der Tiegel wird mit einer kleinen Bunsenflamme vorsichtig erwärmt, bis das Wasser völlig entwichen ist, und die wasserfreie Seife sich im Olein klar gelöst hat. Das Erhitzen darf hierbei nicht bis zum Auftreten eines brenzlichen Geruches getrieben werden. Der nach dem Erkalten ermittelte Gewichtsverlust ist als Wasser zu berechnen. Die Methode gibt innerhalb kurzer Zeit gute Resultate, kann jedoch nur in jenen Fällen Anwendung finden, in denen karbonatfreie Seifen und Seifenpulver vorliegen.

2. Bestimmung des „Gesamtfett"-Gehaltes.

a) Allgemeines.

Unter „Gesamtfett" versteht man bei Seifen gewöhnlich die Summe der vorhandenen „fettartigen" Bestandteile: Fettsäuren, Harzsäuren, Neutralfett, Unverseifbares u. s. f. Wissenschaftlich ist diese Bezeichnung nicht korrekt. In der Regel besteht das „Gesamtfett" aus den Fett- und Harzsäuren, Spuren von Neutralfett und den geringen Mengen an „Unverseifbarem" die ursprünglich im Fettansatze zugegen waren. Gesamtfett- und Fettsäurebestimmung fallen hierbei zusammen. Eine Einzelbestimmung dieser Teilsubstanzen ist jedoch nötig, wenn der Gehalt an unverseiftem Neutralfett und Unverseifbarem irgendwelchen erheblichen Umfang annimmt. Weiteres siehe unter 7, 8, 9, 13.) Auch ist in manchen Fällen eine Trennung der Fettsäuren und Harzsäuren erwünscht (siehe unter 10).

Sieht man zunächst von diesen Einzelbestimmungen ab, so kommen für die Praxis teils gravimetrische, teils volumetrische Methoden in Betracht, d. h. solche, bei denen das „Gesamtfett" zur Wägung gelangt, und jene, bei denen das

---

[1]) Zeitschr. f. angew. Chemie 1906. S. 385.

Volumen der abgeschiedenen Fettsäuren gemessen wird. In beiden Fällen kann die Natur der Fettsäuren Anlaß zu erheblichen Fehlerquellen geben, weshalb bei Ausführung der Methoden eine Rücksichtnahme nach dieser Richtung hin geboten ist. Die volumetrischen Methoden dienen zur Orientierung in der Fabrikpraxis; ein entscheidender Wert kommt ihnen nicht zu.

b) Exaktwissenschaftliche Methoden.

Als solche kommen lediglich gravimetrische in Betracht. Dieselben tragen einerseits der Flüchtigkeit der Kokos- und Palmkernfettsäuren, andrerseits der Oxydationsfähigkeit der Leinölfettsäuren Rechnung. Auf Grund der wissenschaftlichen Literatur (Fendler[1]) u. a.) werden bei Kokos- und Palmkernölseifen exakte Resultate nur dann erhalten, wenn die Fettsäuren als Alkalisalze zur Wägung gelangen. Leinölfettsäuren können nach den bekannten Ausschüttelungsmethoden bestimmt werden, wenn die Trocknung im Kohlensäurestrome erfolgt; dagegen ist eine Wägung der zugehörigen, unter Luftzutritt getrockneten Alkalisalze mit Fehlern behaftet. Die Olivenöl- und Talgfettsäuren können bei Luftzutritt getrocknet werden.

Bezüglich der Ausführung der streng wissenschaftlichen Methoden muß auf die einschlägige Literatur verwiesen werden.

c) Konventionsmethode.

10—20 g Seife oder Seifenpulver werden in warmem Wasser gelöst, alsdann im Scheidetrichter mit einem genügenden Überschusse an verd. Schwefelsäure (1 Vol. konz. Schwefelsäure, 3 Vol. Wasser) oder auch Normalschwefelsäure zersetzt. Hierauf schüttelt man die abgeschiedenen Fettsäuren mit 100 ccm eines nicht über 65° siedenden Petroleumäthers kräftig aus. Nach Abtrennung der Schichten wird die saure wäßrige Flüssigkeit in einen zweiten Schütteltrichter abgelassen und darin wiederum mit 100 ccm Petroleumäther ausgeschüttelt. Die mit Wasser säurefrei gewaschenen Petroleumätherfettlösungen sind zu vereinigen, im gewogenen Kölbchen bei

[1]) Zeitschr. f. angew. Chemie 1909, S. 252.

niederer Temperatur (nicht über 70°) auf dem warmen Wasserbade einzudunsten und bis zur Gewichtskonstanz im Wassertrockenschrank zu trocknen. Liegen Kokos- oder Palmkernfettsäuren vor, so darf die Trocknungstemperatur 55° C nicht überschreiten. Bei Gegenwart von Leinölfettsäuren ist die Trocknung im Kohlensäurestrome vorzunehmen; das Kohlendioxyd wird hierbei mit konz. Schwefelsäure gewaschen.

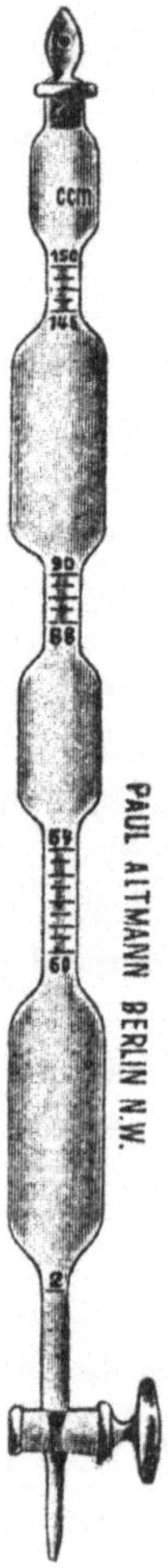

Für die Praxis sehr gut brauchbare Resultate werden auch mit der Huggenbergschen Scheidebürette erhalten. Die Methode beruht auf der Zersetzung einer wäßrigen Seifenlösung durch Zusatz einer bekannten Menge Normalschwefelsäure, Aufnahme der Fettsäuren in einem zu bestimmenden Volum Äther und Trennung der Ätherschicht von der sauren wäßrigen Flüssigkeit (Alkali und Füllmittel). Die Bürette ermöglicht in einer Einwage (etwa 5 g bei Natronseife, etwa 6 g bei Kaliseife, etwa 4 g bei stark sodahaltigen Seifenpulvern) die Bestimmung der Fettsäuren und des daran gebundenen Alkalis, die Feststellung des Gesamtalkalis und die Trennung von den Füllmitteln.

Über die Ausführung dieser Methode ist Näheres im Seifenindustrie-Kalender 1910 zu ersehen. Überdies ist eine Gebrauchsanweisung jeder Bürette beigegeben.

Ausführung z. B. bei Bestimmung der Fettsäuren: 4—5 g Natron- oder 5—6 g Kaliseife werden in einer kleinen Schale oder einem Bechergläschen genau abgewogen, in 50—60 ccm heißen Wassers gelöst und die Lösung ohne Verlust in die Bürette gebracht, die zuvor mit 25 ccm $\frac{n}{1}$ Schwefelsäure beschickt wurde. (Sollen nur die Fettsäuren bestimmt werden, so verwendet man 20 ccm ca. 10 proz. Säure.) Nach leichtem Umschwenken und Abkühlenlassen gibt man zu den ausgeschiedenen Fettsäuren wasserhaltigen Äther bis etwa in die Mitte der oberen Ausbuchtung (40—50 ccm) und schüttelt nach Verschluß mit dem Glasstopfen, indem man

Fig. 4. Huggenberg'sche Scheidebürette.

letzteren mit dem Daumen festhält, öfters gut durch. Der Stopfen besitzt seitlich eine kreisrunde Öffnung, die mit einer ebensolchen im Hals der Bürette korrespondiert. Hierdurch kann man bei senkrechter Lage des Instrumentes jederzeit den durch den Äther bewirkten Überdruck ausgleichen und die Bürette sofort wieder hermetisch verschließen. Die Trennung zwischen Äther und Wasser erfolgt meist rasch. Die saure Flüssigkeit wird alsdann abgelassen, die Ätherschicht noch 1—2 mal mit einigen ccm Wasser geschüttelt und das Waschwasser mit der sauren wäßrigen Flüssigkeit vereinigt. Die nun in der Bürette bleibende Fettsäureätherlösung füllt man bis zur Marke 89 ccm oder bis zu 149 ccm auf. Nach kräftigem Umschütteln und kurzem Stehenlassen der ätherischen Lösung wird der obere Stand der homogenen Ätherschicht genau abgelesen, dann die kleine Wassermenge im Hahn und dessen Spitze durch Ablassen von 1—2 ccm Flüssigkeit durch Äther verdrängt und hierauf ein bestimmtes Quantum Ätherfettlösung (z. B. 88—60 = 28 ccm) in einen trockenen, genau tarierten Erlenmeyer-Kolben abgelassen. Das Lösungsmittel dunstet auf dem kochenden Wassertrockenschrank in etwa $^1/_4$ bis $^1/_2$ Stunde ab; alsdann wird das Kölbchen mit den Fettsäuren in dem betr. Trockenschrank bis zum konstanten Gewichte getrocknet, was meist in $^1/_2$ bis $^3/_4$ Stunden erreicht ist. Die gewogene Menge Fettsäure wird auf die ganze Ätherschicht und dann auf 100 g Seife berechnet.

Handelt es sich um Kokosseifen oder um solche, bei denen bedeutende Mengen von Kokosöl oder Palmkernöl im Fettansatze verwendet wurden, was am Geruch und am „Rauchen" während des Abdunstens der Ätherfettlösung beobachtet werden kann, so geschieht das Trocknen am besten bei 50—55° C, d. h. nur **auf dem** Trockenschrank. Erhebliche Verluste flüchtiger Fettsäuren lassen sich auf diese Weise vermeiden.

3. Bestimmung des Gesamtalkalis.

a) Allgemeines.

Unter „Gesamtalkali" versteht man die Summe des vorhandenen freien, an Kohlensäure (Kieselsäure, Borsäure) und Fettsäure gebundenen Alkalis.

b) Konventionsmethode.

Die Bestimmung kann unter Umständen mit der unter Abschnitt 2 c angeführten „Gesamtfettbestimmung“ (Konventionsmethode) verknüpft werden, wenn man Einwagen von etwa 10—20 g Seife oder Seifenpulver in heißem Wasser löst und die Lösung mit einem gemessenen Überschusse an Normalschwefelsäure zersetzt (50—100 cm). Sollte eine klare Abscheidung der Fettsäuren nicht erfolgen, so ist so lange zu erwärmen, bis letztere auf der wäßrigen Flüssigkeit schwimmen. Falls die Fettsäuren bei Abkühlung nicht selbst zu einem festen Kuchen erstarren, fügt man nach Wiedererwärmen etwa 15 g Stearinsäure oder Wachs hinzu und läßt dann erkalten. Die saure wäßrige Lösung wird nun quantitativ unter Nachspülen des Fettsäurekuchens mit Wasser in ein Becherglas übergeführt und nach Zusatz von Methylorange als Indikator mit Normalkalilauge bis zum Umschlag in Orangegelb titriert.

1 ccm n/1 Schwefelsäure = 0,03105 g Natriumoxyd Na_2O
1 - - - = 0,04715 - Kaliumoxyd K_2O

Die Bestimmung des Gesamtalkalis kann auch mit der „Gesamtfett“-Bestimmung nach Methode Huggenberg (s. S. 50) verknüpft werden.

4. Bestimmung des an Fettsäure gebundenen Alkalis.

a) Allgemeines.

Die Menge des an Fettsäure gebundenen Alkalis (im allgemeinen Na_2O bei festen Seifen und Seifenpulvern, K_2O bei Schmierseifen) ergibt sich aus der Verseifungszahl bzw. Neutralisationszahl der isolierten Fettsäuren.

b) Konventionsmethode.

Die Verseifungs- bzw. Neutralisationszahl der isolierten Fettsäuren ist nach den unter Kapitel „Fette, Öle und deren Fettsäuren“ gegebenen Anweisungen zu bestimmen.

5. Bestimmung des freien Ätzalkalis bzw. Ammoniaks.

a) Allgemeines.

Ein Überschuß von Ätzalkali in den Seifen gibt sich meist qualitativ durch die Rotfärbung zu erkennen, die eine Lösung von etwa 1 Teil Seife in 50 Teilen 96—98 proz. Alkohols bei Zusatz von Phenolphthaleïn annimmt.

Ein anderes Reagens bildet Quecksilberchlorid- (Sublimat-) oder Quecksilberoxydulnitratlösung. Ätzalkalihaltige Seife wird beim Betupfen mit diesen Flüssigkeiten auf frischer Schnittfläche gelb bzw. schwarz gefärbt. Als einwandfreier Nachweis des kaustischen Alkalis ist jedoch nur die quantitative Bestimmung zu erachten.

Ammoniak kann sowohl als freies Ammoniak wie gebunden an Chlor, Schwefelsäure oder Fettsäure zugegen sein.

b) Konventionsmethode

α) für das freie Ätzalkali.

Sind größere Mengen freien Ätzalkalis zugegen, so kann der Ätzalkaligehalt bei Abwesenheit von Neutralfett annähernd genau dadurch bestimmt werden, daß man 10 g Seife unter Erwärmen auf dem Wasserbade in 100 ccm absoluten Alkohols löst, vom Unlöslichen (Füllmittel, Alkalikarbonat) mit Benutzung eines Heißwassertrichters abfiltriert und im Filtrate nach Phenolpthaleïnzusatz mit n/10 Salzsäure bis zum Verschwinden der Rotfärbung titriert.

1 ccm n/10 Salzsäure = 0,005616 g Kaliumhydroxyd KOH
1 - - - = 0,004006 „ Natriumhydroxyd NaOH

Zur Bestimmung geringer Mengen freien Atzalkalis kann zweckmäßig die Heermannsche Chlorbaryummethode[1]) herangezogen werden.

Je nach Alkalinität werden 5—10 g Seife in etwa 300 bis 400 ccm frisch ausgekochtem, destilliertem Wasser gelöst und mit 15 ccm konzentrierter, neutraler Chlorbaryumlösung (300 : 1000) heiß gefällt. Die ausgefallene Barytseife mitsamt dem Baryumkarbonat wird bis zum Zusammenballen kurze Zeit auf freier Flamme erhitzt, dann abfiltriert und das Filtrat mit n/10 Salzsäure (Phenolphthaleïn) titriert.

1 ccm n/10 Salzsäure = 0,005616 g freies Kaliumhydroxyd KOH
1 - - - = 0,004006 - - Natriumhydroxyd NaOH

---

[1]) Chem.-Ztg. 1904, S. 53.

β) für das Ammoniak.

Die Spezialprüfung auf Gehalt an freiem und gebundenem Ammoniak hat nach der Destillationsmethode in Verbindung mit nachfolgender Titration unter Zugabe von Methylorange (oder Luteol) als Indikator zu erfolgen:

1 ccm n/10 Salzsäure = 0,001703 g Ammoniak NH_3
1 - - - = 0,005349 - Chlorammonium NH_4Cl

6. Bestimmung des kohlensauren Alkalis.

a) Allgemeines.

In den meisten Fällen, namentlich wenn keine Borverbindungen vorliegen, ist für die Zwecke der Praxis die Bestimmung des Alkalikarbonates auf rechnerischem Wege möglich, sofern Einzelbestimmungen über den Gehalt an Gesamtalkali, Ätzalkali und an Fettsäure gebundenem Alkali vorliegen. Man hat alsdann vom Gesamtalkali die Summe des an Fettsäure gebundenen Alkalis sowie freien Ätzalkalis abzuziehen und die Differenzwerte Natriumoxyd oder Kaliumoxyd auf Soda bzw. Pottasche umzurechnen. Etwas komplizierter gestaltet sich die Rechnung bei Gegenwart von Wasserglas. Eine Berechnung des Alkalikarbonatgehaltes ist alsdann nur möglich, wenn gleichzeitig der Kieselsäuregehalt bekannt ist. Unter der Annahme, daß dem Wasserglas die Formel $Na_2O \cdot 4\,SiO_2$ bzw. $K_2O \cdot 4\,SiO_2$ zukommt, wäre in diesem Falle die gefundene Kieselsäure zunächst auf Na_2O bzw. K_2O umzurechnen und der erhaltene Betrag zuzüglich des freien Alkalis und an Fettsäure gebundenen Alkalis vom Gesamtalkali in Abzug zu bringen. Der Differenzwert ist entweder auf Soda Na_2CO_3 oder Pottasche K_2CO_3 umzurechnen.

b) Orientierungsmethode.

In der Regel läßt sich die Ermittelung des kohlensauren Alkalis mit der annähernd genauen Bestimmungsmethode des freien Alkalis verbinden (siehe Abschnitt 5c), wenn man das in absolutem Alkohol Unlösliche auf einem Filter sammelt, mit absolutem Alkohol nachwäscht, in Wasser löst und schließlich mit n/2 Salzsäure unter Verwendung von Methylorange als Indikator titriert.

1 ccm n/2 Salzsäure = 0,03455 g Pottasche K_2CO_3
1 - - - = 0,02652 „ Soda Na_2CO_3

Die erhaltenen Resultate genügen meistens den Anforderungen der Praxis. Selbstverständlich darf bei Anwendung dieser Methode im Alkoholunlöslichen weder ein Alkalisilikat (Wasserglas), Alkaliborat oder sonstiger durch Säure zersetzbarer Zusatzstoff zugegen sein.

c) Konventionsmethode.

(Sog. Karbonisationsmethode nach Heermann.) 10 g Seife werden fein geschabt, getrocknet und in absolutem Alkohol gelöst. Hierauf leitet man Kohlensäure in die Lösung, bis sämtliches freie Ätzalkali in Alkalikarbonat übergeführt ist. Das Unlösliche wird auf einem Filter gesammelt und mit heißem absoluten Alkohol so lange nachgewaschen, bis das Filtrat seifenfrei ist. Hierauf löst man den Filterinhalt in heißem Wasser und titriert die erkaltete Lösung nach Zusatz von Methylorange als Indikator mit n/10 Salzsäure bis zum deutlichen Farbenumschlage.

1 ccm n/10 Salzsäure = 0,006915 g Pottasche K_2CO_3
1 - - - = 0,005305 „ Soda Na_2CO_3

Von der gefundenen Alkalikarbonatmenge ist das auf anderem Wege (Chlorbaryummethode) gefundene freie Ätzalkali in Abzug zu bringen. Bei Gegenwart von Alkalisilikat oder Alkaliborat ist außerdem von der Gesamtalkalinät des Filterrückstandes noch die jeweilige Alkalinität, welche sich auf Grund der Kieselsäure- und Borsäurebestimmung berechnet, abzuziehen.

7. Bestimmung der freien Fettsäuren.

a) Allgemeines.

Zeigt eine Seife oder ein Seifenpulver in alkoholischer Lösung keine alkalische Reaktion, so ist meist freie Fettsäure oder auch noch unverseiftes Neutralfett vorhanden.

b) Konventionsmethode.

20 g Seife werden in vorher neutralisiertem Alkohol (60 Vol.-Proz.) gelöst und mit n/10 alkoholischer Kalilauge unter Zusatz von Phenolphthaleïn als Indikator bis zur schwachen Rotfärbung titriert. Der Alkaliverbrauch kann auf freie Fettsäure umgerechnet, in Ölsäureprozenten zum Ausdruck gebracht werden.

1 ccm n/10 Alkali = 0,0282 g Ölsäure.

8. Bestimmung des unverseiften Neutralfettes.

a) Allgemeines.

Siehe vorigen Abschnitt sowie Abschn. 2: „Bestimmung des Gesamtfettes".

b) Konventionsmethode.

6—8 g des nach Abschnitt 2 „Bestimmung des Gesamtfettgehaltes" isolierten „Gesamtfettes" werden in Alkohol (96%) aufgenommen und mit halbnormaler alkoholischer Kalilauge unter Zugabe von Phenolphthaleïn bis zur schwachen Rötung alkalisch gemacht. Alsdann behandelt man, wie im Kapitel „Fette, Öle und deren Fettsäuren" unter „Bestimmung des Unverseifbaren" näher ausgeführt ist, mit Petroläther, wobei der Verdampfungsrückstand der Extraktion die Summe aus unverseiftem Neutralfett und unverseifbaren fettartigen Stoffen ergibt. Der gewogene Rückstand wird mit alkoholischer Kalilauge im Überschusse verseift. Durch nochmalige Extraktion mit Petroläther entzieht man das Unverseifbare und bringt dieses nach Verdunsten des Lösungsmittels als solches zur Wägung. Die Menge des unverseiften Neutralfettes ergibt sich alsdann aus der Differenz von „Neutralfett + Unverseifbares" und dem „Unverseifbaren".

9. Bestimmung der unverseifbaren fettartigen Stoffe.

a) Allgemeines.

Siehe den Abschnitt 2 „Bestimmung des „Gesamtfett-Gehaltes" sowie den vorigen Abschnitt 8.

b) Konventionsmethode.

Bei Anwesenheit von unverseiftem Neutralfett ist der im Abschnitte 8 vorgezeichnete Weg zur Trennung von unverseiftem Neutralfett und unverseifbaren fettartigen Stoffen einzuschlagen. Handelt es sich nur um Bestimmung der letzteren, so sind die im Kapitel „Fette, Öle und deren Fettsäuren“ unter Abschnitt 6 „Bestimmung des Unverseifbaren“ niedergelegten Gesichtspunkte für die Ausführung der Untersuchung maßgebend. Es muß bemerkt werden, daß die exakte quantitative Bestimmung der unverseifbaren fettartigen Stoffe bei Kokos- und Palmkernölseifen zuweilen auf Schwierigkeiten stößt. Daher empfiehlt es sich in diesem Falle, zuvor eine Trocknung der feinzerkleinerten Seife bei 100° vorzunehmen und anschließend hieran die unverseiften und unverseifbaren fettartigen Stoffe im Soxhletschen Extraktionsapparat mit Petroläther zu extrahieren. Weiterbehandlung des Petrolätherextraktes wie oben.

10. Bestimmung des Harzgehaltes.

a) Allgemeines.

Harzsäuren werden in der nach Abschnitt 2 „Bestimmung des „Gesamtfett-Gehaltes“ isolierten Fettmasse qualitativ mittels der Liebermann-Storchschen Reaktion erkannt. Man löst die Fettmasse bei gelinder Wärme in Essigsäureanhydrid, kühlt ab und läßt vorsichtig 62,5 proz. Schwefelsäure vom spezifischen Gewichte 1,53 (durch Vermischen von 34,7 ccm konz. Schwefelsäure mit 35,7 ccm Wasser zu bereiten) in die Lösung fließen. Bei Anwesenheit von Harz tritt eine rötlichviolette Farbe auf, die jedoch bald verschwindet.

Es ist zu bemerken, daß Cholesterin — von Wollfett herrührend —, das mit Essigsäureanhydrid-Schwefelsäure eine ähnliche Farbenreaktion gibt, die Gegenwart von Harz vortäuschen kann.

Bei genauen Arbeiten ist die nachfolgend beschriebene Methode Twitchells zu befolgen. Dieselbe beruht auf der Eigenschaft der aliphatischen Säuren, bei Behandlung mit Salzsäuregas in Ester umgewandelt zu werden, während die Harzsäuren (Kolophonium) bei gleicher Behandlung der Veresterung nicht unterliegen bzw. nur sehr wenig verändert werden.

b) Konventionsmethode.

2—3 g des Gemisches von Fettsäuren und Harzsäuren werden in einem 150 ccm fassenden, zweckmäßig mit Glasstopfen verschließbaren Kölbchen genau abgewogen und mit der zehnfachen Menge absoluten Alkohols versetzt. Hierauf senkt man den Kolben in kaltes Wasser und leitet durch die Flüssigkeit so lange einen Strom trocknen Salzsäuregases, bis keine Absorption mehr stattfindet, welcher Punkt meist nach etwa $^3/_4$ Stunden erreicht ist. Die Flasche wird alsdann aus dem Kühlwasser herausgenommen und nach Abspülen des Einleitungsrohres (mit wenig absol. Alkohol) mindestens 1 Stunde verschlossen beiseite gestellt. Man verdünnt nun den Kolbeninhalt mit dem etwa fünffachen Volumen Wasser und erhitzt, bis die saure Lösung klar geworden ist.

Die Analyse wird maßanalytisch zu Ende geführt.

Der Inhalt des Kolbens wird in einen Scheidetrichter gebracht und mit 75 ccm Äther, der gleichzeitig zum Nachspülen des Kolbens dient, innig geschüttelt. Die saure wäßrige Lösung wird alsdann abgelassen und die ätherische Lösung, welche die Äthylester der Fettsäuren und die Harzsäuren enthält, mit Wasser bis zum Verschwinden der sauren Reaktion gewaschen (Prüfung mit Lackmuspapier). Nach Zusatz von 50 ccm Alkohol titriert man unter Anwendung von Phenolphthaleïn als Indikator mit n/2 alkoholischer Kalilauge. Hierbei verbinden sich nur die Harzsäuren mit dem Alkali zu Harzseife, während die Fettsäureäthylester nahezu unverändert bleiben.

1 ccm n/2 Kalilauge = 0,175 g Harzsäure.

11. Bestimmung des Glyzeringehaltes.

a) Allgemeines.

Geringe Glyzerinmengen, wie sie bei harten, durch Sieden hergestellten Seifen zurückbleiben, können nur dann mit annähernder Genauigkeit bestimmt werden, wenn große Einwagen an Substanz zur Anwendung gelangen.

b) Konventionsmethode.

Man löst 20—25 g Seife oder Seifenpulver in heißem Wasser, versetzt mit einem geringen Überschusse an Schwefelsäure und erwärmt so lange auf dem Wasserbade, bis klare

Abscheidung der Fettsäuren erfolgt ist. Hierauf wird die Flüssigkeit durch ein angefeuchtetes glattes Filter in einen Maßkolben filtriert und das Filter genügend mit Wasser nachgespült. Das wäßrige Filtrat wird nach Absättigung durch Kalilauge mit so viel Bleiessig versetzt, bis keine Fällung mehr entsteht. Nun wird mit Wasser bis zur Marke aufgefüllt, geschüttelt, filtriert und ein aliquoter Teil des Filtrates zur Glyzerinbestimmung nach der Bichromatmethode (siehe das einschlägige Kapitel S. 76) verwendet. Bei Gegenwart von ätherischen Ölen, Zucker, Dextrin und sonstigen durch Chromsäure oxydablen, durch Bleiessig nicht fällbaren Stoffen ist diese Methode nicht anwendbar. In diesem Falle muß der Glyzeringehalt entweder nach der Azetinmethode oder durch direkte Wägung des Glyzerins als solches (Reinigung des Sauerwassers mit Kalkmilch, Verdampfen zur Trockne, Extraktion mit Alkohol, Eindampfen zur Sirupdicke, Erschöpfung des Rückstandes mit Alkohol-Äther-Gemisch und Verdunstung des Lösungsmittels) ermittelt werden.

12. Qualitativer und quantitativer Nachweis von Zusatzstoffen.

a) Allgemeines.

Als Zusätze kommen sowohl organische wie anorganische Stoffe in Betracht.

Anorganische Zusatzstoffe sind z. B. Borax, Natriumphosphat, Chlorkalium, Bleichpräparate, Talk, Schwerspat, Kieselgur, Wasserglas, Sand, Bimstein usw.

Organische Zusatzstoffe sind z. B. Kartoffelmehl, Stärke, Dextrin, Pflanzenschleim, Eiweiß, Albumin, Kaseïn, Desinfektionsmittel, Terpentinöl, Kohlenwasserstoffe usw.

b) Analyse.

Auf den qualitativen und quantitativen Nachweis dieser Stoffe, die in den meisten Fällen alkoholunlöslich sind, kann erschöpfend hier nicht eingegangen werden.

Etwa zugesetzten ätherischen Ölen und Kohlenwasserstoffen sowie sauerstoffabgebenden Substanzen sind die besonderen Abschnitte 13 und 14 gewidmet.

Als quantitative Trennungsmethode der Seife von den alkoholunlöslichen Zusatzstoffen (anorg. u. org.) hat sich die Späthsche Methode gut bewährt. Hierbei werden abgewogene Seifenmengen in einem oben und unten durchlöcherten, mit Asbest und Filterpapier bedeckten Filtertrockenglas anfänglich bei 30—50°, später bei 105° getrocknet, alsdann 6 Stunden im Soxhletapparat mit 98proz. Alkohol heiß extrahiert. Das nach Beendigung dieser Operation bei 105° getrocknete und wiederum gewogene Wägegläschen ergibt abzüglich der Tara das Gewicht der alkoholunlöslichen Zusatzstoffe. Hat man das Alkalikarbonat für sich bestimmt, so ergeben sich die anorganischen und organischen nichtflüchtigen Zusatzstoffe aus der Differenz. Handelt es sich nur um

anorganische Zusatzstoffe,

so gibt in den meisten Fällen die Bestimmung der Gesamtmineralstoffe (Asche) guten Aufschluß über die Menge dieser Zusätze, wenn man von der Summe der Aschenbestandteile die Summe der Karbonate abzieht, welche teils ursprünglich vorhanden waren, teils durch den Veraschungsprozeß aus der Seife gebildet worden sind. Bei Bestimmung der

Gesamtmineralstoffe

ist wegen der Flüchtigkeit mancher Salze (Chloralkalien), wie auch im Hinblick auf die Schwerverbrennbarkeit der Kohle besondere Vorsicht am Platze. Etwa 5 g der Seife oder des Seifenpulvers werden in einer ausgeglühten und gewogenen Platinschale durch eine mäßig starke Flamme verkohlt. Hierbei empfiehlt es sich, die Flamme mehrmals für kurze Zeit zu entfernen, wodurch die Verbrennung der Hauptmenge der Kohle beschleunigt wird. Die nach mäßigem Erhitzen noch vorhandene, nötigenfalls mit dem Glaspistillchen verriebene Kohle wird darauf mit heißem Wasser auf dem Wasserbade digeriert, das Ganze durch ein sog. aschefreies Filter in ein Bechergläschen filtriert und mit wenig Wasser nachgewaschen. Das Filter mit dem Kohlerückstande wird alsdann in der Platinschale getrocknet und vollständig verascht, bis keine Kohle mehr sichtbar ist. Nach dem Erkalten der Schale gibt man das Filtrat hinzu und verdampft den Schaleninhalt auf dem Wasserbade unter Zusatz von etwas Ammoniumkarbonat zur Trockne. Nach vorherigem Trocknen im Trockenschranke wird schwach geglüht und zuletzt gewogen. Der so erhaltene anorganische Rückstand kann, sofern die qualitative Vorprüfung die Anwesenheit von Kieselsäure bzw. Wasserglas ergeben hat, ohne weiteres zur quantitativen Ermittelung der

Kieselsäure

Verwendung finden.

Die Asche wird unter Bedecken mit dem Uhrglase vorsichtig mit überschüssiger Salzsäure versetzt. Alsdann dampft man unter Verreiben mit dem Glasstabe zur staubigen Trockne, gibt konz. Salzsäure hinzu und bringt dann abermals zur Trockne. Nach erneuter Zugabe von Salzsäure läßt man 15 Minuten bei gewöhnlicher Temperatur stehen — um die gebildeten basischen Salze oder Oxyde in Chloride zu verwandeln —, fügt etwa 60 ccm Wasser hinzu, erwärmt auf dem Wasserbade, läßt die Kieselsäure sich absetzen und dekantiert die überstehende Flüssigkeit durch ein sog. aschefreies Filter. Den Rückstand wäscht man 3—4mal durch Dekantation mit heißem Wasser, bringt ihn aufs Filter und wäscht bis zum Verschwinden der Chlorreaktion aus. (Salzlösung und Waschwasser können unter Umständen, wenn es auf sehr genaue Bestimmungen ankommt, eingeengt und, wie oben angeführt, nochmals weiter behandelt werden.)

Das Filter samt Kieselsäure wird in einen gewogenen Platintiegel gebracht, naß verbrannt und die Kieselsäure schließlich mit der vollen Flamme eines guten Teclubrenners bis zum konstanten Gewichte geglüht, alsdann gewogen.

Will man die gefundene Kieselsäure auf gutes Handelswasserglas — Tetrasilikat $Na_2O + 4\,SiO_2$ oder $K_2O + 4\,SiO_2$ — umrechnen, so entspricht

1 g Kieselsäure SiO_2
= 1,257 g Natriumsilikat $Na_2Si_4O_9$
= 1,390 g Kaliumsilikat $K_2Si_4O_9$.

Bemerkt sei, daß 1 Gwt. Natriumsilikat 3 Gwt. Normalnatronwasserglas von 38° Bé entspricht. Außer Kieselsäure können unter den anorganischen Zusatzstoffen sowohl wasserlösliche wie wasserunlösliche Substanzen in Betracht kommen.

Die wasserlöslichen anorganischen Substanzen wie Chloride, Sulfate, Phosphate, Karbonate und Borate der Alkalimetalle müssen nach den bekannten Regeln der quantitativen Analyse bestimmt werden. Die

wasserunlöslichen anorganischen Substanzen

wie Speckstein, Kieselgur, Sand, Bimsstein usw. sind bei Abwesenheit organischer wasserlöslicher Zusatzstoffe am bequemsten dadurch zu ermitteln, daß man eine größere Menge des Prüfungsmateriales zunächst mit heißem Alkohol extrahiert, das Alkohollösliche auf getrocknetem und gewogenem Filter abfiltriert (Heißwassertrichter), alsdann den hinterbliebenen Filterrückstand längere Zeit mit heißem Wasser auswäscht und bis zur Gewichtskonstanz bei 100° trocknet. Hat die qualitative Analyse die Anwesenheit von

organischen alkoholunlöslichen Zusatzstoffen

bestätigt, so ergibt sich deren Menge dadurch, daß man nach Späth die Gesamtmenge der anorganischen und organischen alkoholunlöslichen Zusatzstoffe (siehe oben) bestimmt und vom erhaltenen Betrag die Summe der anorganischen Zusatzstoffe abzieht.

Die Bestimmung der

Stärke

erfolgt zweckmäßig nach der Huggenbergschen Methode durch Entfernung des fettsauren Alkalis mit kochendem Alkohol und Wägung des unlöslichen Rückstandes. Hierbei sind die fast stets anwesenden kohlensauren Alkalien (Soda, Pottasche), die Salze und auch die Füllstoffe noch zu berücksichtigen.

Die Umwandlung der Stärke in Zucker und quantitative Ermittelung des letzteren durch Titration mit Fehlingscher Lösung oder gewichtsanalytische Bestimmung des reduzierten Kupferoxyduls ermöglicht gleichfalls eine genaue Feststellung der Stärke.

Huggenbergs Methode, liegt diejenige zugrunde. welche J. Mayrhofer in den „Forschungsberichten" 1896 und 1897 publizierte, und welche in die „Vereinbarungen betr. Untersuchungen von Nahrungs- und Genußmitteln" in dem Kapitel über Bestimmung von Stärke in den Würsten aufgenommen wurde. Sie ist für vorliegende Untersuchungen zweckmäßig abgeändert und beruht auf der Unlöslichkeit der Stärke in alkoholischer Kalilauge, durch welche dagegen Fett, Seife und auch Eiweiß oder Kasein gelöst werden.

Das Verfahren ist folgendes:

5 bis 10 g Seife werden in einem Becherglas oder in einem etwas weithalsigen Kolben von Erlenmeyerform genau abgewogen und mit 60 bis 80 ccm alkoholischer Kalilauge (ca. 2 proz.) bis zur Lösung des fettsauren Alkalis auf dem Wasserbad erhitzt. Man bedeckt dabei das Gefäß mit einem Uhrglas oder setzt beim Kolben ein Rückflußrohr an. Hierauf wird heiß filtriert und mehrmals mit je ca. 50 ccm siedendem Alkohol nachgewaschen, bis das Lösungsmittel keine Seife mehr aufnimmt, d. h. bis es nicht mehr alkalisch reagiert. 3- bis 4maliges Waschen ist meist genügend. Das Filter mit Inhalt bringt man in das ursprüngliche Gefäß zurück, übergießt es mit 60 ccm 6 proz. wäßriger Kalilauge und erwärmt auf dem kochenden Wasserbade unter öfterem Umrühren oder Schütteln ½ Stunde lang. Nach dem Erkalten säuert man mit Essigsäure ganz schwach an, wobei man zweckmäßig einige Tropfen Phenolphthaleïn-Lösung als Indikator hinzugibt und bringt das Volumen der Flüssigkeit nach Umgießen in einen Meßzylinder bei 15° C auf 100 ccm. Der durch das Filter veranlaßte Fehler kann vernachlässigt werden. Nach dem Umschütteln wird die Flüssigkeit filtriert, wobei man sich mit Vorteil eines Glastrichters mit einem kleinen Baumwollpfropfen bedient. Die ziemlich rasch und erst trübe durchgehende Flüssigkeit wird 1- bis 2mal zurückgegossen und resultiert bald ein nur schwach opaleszierendes Filtrat. Die Filtration durch ein Papierfilter ist weitaus zeitraubender und kaum genauer. Von dieser filtrierten Stärkelösung werden 25 oder 50 ccm (je nach dem Stärkegehalt) in ein Becherglas gebracht, noch mit 2 bis 3 Tropfen Essigsäure versetzt und allmählich unter Umrühren 30 bzw. 60 ccm Alkohol von 96 Vol.% zugegeben. Nach mehrstündigem Stehen (am besten über Nacht) setzt sich die Stärke vollständig und flockig ab. Sie wird dann durch ein bei 100° C in einem

Wägeglas getrocknetes und gewogenes Filter abfiltriert und mit 50 proz. Alkohol so lange gewaschen, bis das Filtrat beim Verdampfen auf einem Uhrglas keinen Rückstand mehr hinterläßt. Sodann verdrängt man den verdünnten Alkohol mit absolutem oder 98- bis 99 proz., diesen mit Äther und trocknet dann in dem Wägegläschen bei 100° bis zur Gewichtskonstanz. Die Ausfällung der Stärke ist vollkommen, wenn zur wäßrigen Lösung derselben eine gleiche Menge Alkohol von 96 Gewichtsprozenten zugesetzt wird, so daß die Mischung 50 Proz. Alkohol enthält. Würde bei gleichzeitiger Stärke- und Wasserglasfüllung der Seife etwas Kieselsäure in den Stärkeniederschlag gelangen, so könnte dieser Fehler durch Veraschung des Filters samt Inhalt festgestellt und in Abzug gebracht werden.

Die ermittelte Menge Stärke, auf 100 ccm Filtrat bezogen, entspricht dem Stärkegehalt der abgewogenen Menge Seife und wird daraus auf 100 g des Untersuchungsmaterials berechnet.

Dextrin

wird am besten aus dem in Alkohol unlöslichen Seifenrückstande mit wenig kaltem Wasser extrahiert und durch Alkoholzusatz wieder zur Ausfällung gebracht. Man gießt die überstehende Flüssigkeit ab, wäscht mit Alkohol und trocknet das Dextrin bei 100° auf gewogenem Filter. Selbstverständlich muß bei Ausfällung des Dextrins Vorsorge getroffen werden, daß keine gleichzeitige Mitfällung von anorganischen Salzen erfolgt.

Daß auch polarimetrische Untersuchungen und Kupferreduktionsmethoden eine quantitative Bestimmung der Stärke und des Dextrins ermöglichen, sei hier nur angedeutet.

Zucker (Saccharose, Rohrzucker),

der in manchen Seifen zuweilen in beträchtlicher Menge vorkommen kann, wird nach Inversion mit Säure entweder gewichtsanalytisch durch Fehlingsche Lösung oder polarimetrisch bestimmt.

Bezüglich der Bestimmung von

Carragheen, Pflanzenfaser u. a. ähnlichen Stoffen muß auf die Spezialliteratur verwiesen werden.

Gleiches gilt auch für die zu medizinischen Seifen verwendeten Zusätze.

13. Bestimmung von ätherischen Ölen und Kohlenwasserstoffen sowie Alkohol und Phenolen.

a) Allgemeines.

Hat die qualitative Vorprüfung die Anwesenheit solcher Stoffe ergeben, so ist bei Ausführung des quantitativen Nachweises zunächst zwischen solchen Substanzen zu unterscheiden, die mit Wasserdämpfen flüchtig, und jenen, die nicht flüchtig sind. Die Untersuchung wird in der Regel durch die schäumende Eigenschaft der Seifen sehr erschwert, so daß man zweckmäßig vor Ausführung der Destillation eine Zersetzung des fettsauren Alkalis durch Schwefelsäure oder Abscheidung der Seife als Kalkseife vornimmt. In manchen Fällen, z. B. bei Phenolen und Kresolen, kann die Destillation dadurch umgangen werden, daß man aus der konzentrierten Seifenlösung die Seife nach Zusatz von überschüssigem Alkali durch Kochsalz ausscheidet, vom „Kern" abfiltriert, mit Kochsalzlösung nachwäscht und die erhaltene alkalische Lösung weiter untersucht.

b) Analyse.

Alkohol wird zweckmäßig in dem Sauerwasser, welches durch Zersetzung der Seifenlösungen mit Schwefelsäure entsteht, nach dem Destillationsverfahren pyknometrisch bestimmt.

Ätherische Öle (wie Terpentinöl) sowie andere mit Wasserdämpfen flüchtige, in Wasser unlösliche Kohlenwasserstoffe werden zweckmäßig durch langsame Destillation einer mit verdünnter Schwefelsäure (1 + 3) überschüssig versetzten Lösung aus etwa 30—40 g Seife und 150 ccm Wasser volumetrisch bestimmt. Zusatz einiger Bimssteinstückchen ist notwendig. Das Destillat wird in engen, auf 0,1 ccm genau kalibrierten Büretten mit Ablaßhahn aufgefangen; hierbei sind von Zeit zu Zeit die wäßrigen Anteile abzulassen. Handelt es sich nur um einen allgemeinen uud annähernden Überblick über den Gehalt an solchen flüchtigen Stoffen, so können die abgelesenen wasserunlöslichen Anteile des Destillates ohne weiteres auf „Raumteile flüchtiger Stoffe in 100 Gewichtsteilen Substanz“ umgerechnet werden. Diese Methode gibt naturgemäß nur annähernd richtige Werte.

Bei genauen Bestimmungen ist das Destillat nach den in der chemischen Spezialliteratur angegebenen Vorschriften weiter zu behandeln.

Phenole und Kresole werden nach den in den Werken von Benedikt und Lewkowitsch angeführten Spezialmethoden bestimmt.

Petroleum kann sowohl nach dem Destillationsverfahren, wie auch durch Extraktion mit niedrig siedendem Petroleumäther isoliert werden.

Im ersteren Falle hat man so lange mit Wasserdämpfen zu destillieren, bis keine weitere Vermehrung an übergegangenem Öle mehr stattfindet. Das Auffangen erfolgt zweckmäßig in Glashahnbüretten, die ein Ablassen der wäßrigen Anteile und genaue Ablesung der Ölschicht auf 0,1 ccm gestatten.

Wählt man die Extraktionsmethode, so ist eine vorherige Umwandlung der Alkaliseifen in Kalkseifen zweckmäßig. Die Verdampfung des Lösungsmittels hat bei möglichst niedriger Temperatur zu erfolgen.

14. Qualitativer und quantitativer Nachweis von sauerstoffentwickelnden Substanzen.

a) Allgemeines.

Meist kommen als Träger des aktiven Sauerstoffes, sofern es sich um Gemische mit Seife oder seifenartigen Zubereitungen handelt, folgende chemischen Stoffe in Betracht: Natriumsuperoxyd, Perborate, Perkarbonate, Persulfate.

Der qualitative Nachweis des aktiven Sauerstoffes kann gewöhnlich durch die Überchromsäure- oder Titansäurereaktion erfolgen. Hierbei werden 2 g des Untersuchungsobjektes zunächst mit 20 ccm Wasser kurze Zeit durchgeschüttelt, alsdann mit verdünnter Schwefelsäure, ferner 1 ccm Chloroform versetzt und wiederum geschüttelt. Die wäßrige, nunmehr fettsäurefreie Flüssigkeit ist unverzüglich auf aktiven Sauerstoff weiter zu prüfen.

Bei Anwendung der empfindlichen Chromsäurereaktion überschichtet man etwa 10 ccm der sauren Flüssigkeit mit 2 bis 3 ccm Äther und gibt vorsichtig einige Tropfen einer dünnen Kaliumbichromatlösung hinzu. Tritt nach dem Umschütteln Blaufärbung der Ätherschicht ein, so ist das Vorhandensein von aktivem Sauerstoff erwiesen.

Auch die Titansäurereaktion ist als gute Probe auf Gegenwart von aktivem Sauerstoff zu bezeichnen. Bei Anwesenheit von aktivem Sauerstoff und Zusatz weniger Tropfen des aus käuflicher Titansäure und konzentrierter Schwefelsäure durch Erwärmen bereiteten Titan-Reagens färbt sich die wie oben vorbereitete saure Flüssigkeit orangefarben.

Auf Beimengung von Persulfaten prüft man nach Fuhrmann[1]) zweckmäßig wie folgt:

Etwa 2 g der Substanz werden im Reagenzglase mit verdünnter Salzsäure vorsichtig übergossen, tüchtig durchgeschüttelt und etwas erwärmt. Die ausgeschiedenen Fettsäuren usw. werden durch ein Papierfilter abfiltriert. Mit dem Filtrate stellt man einerseits die Prüfung auf Schwefelsäure (Chlorbaryum), andrerseits die Jod- und Berlinerblaureaktionen an.

Die Jodreaktion besteht darin, daß zur sauren Flüssigkeit etwas Jodzinkstärkelösung gegeben wird. Bei Anwesenheit von aktivem Sauerstoff — und auch anderen Oxydationsmitteln! — tritt sofort eine allmählich dunkler werdende Blaufärbung der Flüssigkeit auf.

Bei Ausführung der Berlinerblau-Reaktion verfährt man derart, daß man zur sauren Lösung oxydfreies Ferroammonsulfat (Mohrsches Salz) gibt, kurze Zeit aufkocht und nach dem Abkühlen etwas Ferrocyankalium hinzubringt. Bei Anwesenheit von aktivem Sauerstoff bildet sich sofort ein dunkelblauer Niederschlag bzw. eine dunkelblaue Färbung von Berlinerblau. Das Ferroammonsulfat ist zuvor mit Ferrocyankalium auf Abwesenheit von Eisenoxydsalz zu prüfen.

---

[1]) Seifensiederzeitung 1909, S. 122 ff.

b) Quantitative Bestimmung des aktiven Sauerstoffes.

Wie bei den qualitativen Vorprüfungen, so muß auch den quantitativen Bestimmungen eine Entfernung der Fett- oder Harzsäuren vorangehen. In den meisten Fällen kann der Gehalt an aktivem Sauerstoff direkt durch Titration mit n/10 Kaliumpermanganatlösung ermittelt werden. Liegen Persulfate vor, so empfiehlt sich nach Fuhrmann die indirekte Methode unter Anwendung von Ferroammonsulfat.

α) Direkte Permanganattitration.

Der Ausführung des Versuches geht die Titerstellung der Permanganatlösung voran. Zu diesem Zwecke kann sowohl wasserfreies Natriumoxalat (nach Sörrensen) $Na_2C_2O_4$ wie wasserhaltige Oxalsäure $H_2C_2O_4 + 2\,H_2O$ Verwendung finden. Wägt man von ersterer Substanz genau 0,2011 g, von letzterer 0,1891 g ab, so müssen zur Oxydation genau 30 ccm Permanganatlösung verbraucht werden, wenn die Permanganatlösung Zehntelnormalstärke hat. Man spült hierbei die abgewogene Titersubstanz in einen geräumigen, zuvor gutgereinigten Erlenmeyerkolben, setzt etwa 150 ccm Wasser und 10 ccm verdünnte Schwefelsäure hinzu, erhitzt bis zum Siedebeginn und läßt tropfenweise so viel Permanganatlösung zufließen, bis keine Entfärbung mehr stattfindet.

Ist der Verbrauch größer oder kleiner als genau 30 ccm, so erhält man den Korrektionsfaktor der Permanganatlösung nach der Formel

$\text{fact.} = \frac{30}{v}$, wobei v den Verbrauch an Permanganatlösung zur Titration der abgewogenen Oxalat- bzw. Oxalsäuremenge bedeutet.

Die nun folgende Bestimmung des Gehaltes an aktivem Sauerstoff wird am besten in Glasstöpselflaschen von ungefähr 250 ccm Inhalt vorgenommen.

Man wägt genau 2 g des Untersuchungsmateriales ab, spült die Einwage mit etwa 100 cm Wasser in die Flasche und gibt einen zur Abscheidung der Fett- und Harzsäuren genügenden Überschuß von verd. Schwefelsäure (1 + 3) hinzu. Nach Zusatz von 5 ccm reinen Chloroforms wird geschüttelt, dann kurze Zeit bis zum Absetzen der Chloroformschicht beiseite gestellt und schließlich mit Permanganatlösung bis zur bleibenden Rosafärbung titriert. War die Permanganatlösung genau n/10 stark, so ergibt sich der Prozentgehalt an aktivem Sauerstoff für 100 g des Untersuchungsmateriales durch einfache Multiplikation des Permanganatverbrauches mit 0,004. Lag eine stärkere oder schwächere Permanganatlösung vor, so ist das erhaltene Produkt noch mit dem nach obiger Formel $\frac{30}{v}$ berechneten Umrechnungsfaktor zu multiplizieren.

Es entspricht 1 g wirksamer Sauerstoff O

= 4,88 g Natriumsuperoxyd, Na_2O_2

= 9,63 „ Natriumperborat, $NaBO_3 + 4\,H_2O$.

Diese Werte beziehen sich nicht auf technisch, sondern chemisch reine Ware.

β) Indirekte Methode unter Verwendung von Ferroammonsulfat.

Der eigentlichen Bestimmung geht die Titerstellung des Ferroammonsulfates mit Permanganatlösung, deren Titer, wie unter α beschrieben, kontrolliert wurde, voraus. Nach Fuhrmann (a. a. O.) wird hierbei wie folgt verfahren:

Man bringt in einen Maßkolben von 100 ccm Inhalt 10 g Ferroammonsulfat (Mohrsches Salz), gibt warmes destilliertes Wasser und ca. 5 ccm verdünnter Schwefelsäure hinzu. Nachdem sich alles gelöst hat, lasse man bis auf Zimmertemperatur abkühlen, fülle bis zur Marke mit destilliertem Wasser auf und mische gut durch. Von dieser Ferroammoniumsulfatlösung messe man mit einer Pipette 10 ccm ab und bringe sie in ein Becherglas oder einen Philippsbecher. Man versetze mit verdünnter Schwefelsäure und titriere die Lösung mit Permanganat bis zum Farbenumschlag. Man ermittelt auf diese Weise, wieviel ccm Permanganatlösung von 10 ccm der Ferroammonsulfatlösung verbraucht werden.

Zur Untersuchung der seifenhaltigen Waschmittel verfährt genannter Autor wie nachstehend:

Man wägt genau 2 g ab, verteilt sie in einem Becherglase oder dgl. in 100 ccm Wasser und setzt verdünnte Schwefelsäure und 10 ccm Ferroammonsulfatlösung hinzu. Unter Umrühren erhitzt man nun bis zum Kochen und setzt dieses fort, bis sich die Fettsäuren usw. oben klar abgeschieden haben. Man läßt nun abkühlen, bringt die Flüssigkeit in eine Glasstöpselflasche von 250 ccm und spült das Becherglas erst mit ca. 5—10 ccm Chloroform, dann mit Wasser nach.

Die weitere Titration erfolgt mit Permanganatlösung, d. h. man läßt unter Umschütteln so viel Permanganatlösung zufließen, bis die Flüssigkeit dauernd rosafarben bleibt.

Zur Berechnung zieht man die gefundenen ccm Permanganatlösung von der Anzahl der ccm ab, die von den 10 ccm Ferroammonsulfatlösung bei ihrer Wertbestimmung allein verbraucht wurden, und erhält so die Anzahl ccm, welche dem in 2 g Substanz vorhandenen aktiven Sauerstoff entsprechen. Mit 0,04 multipliziert, ergeben sie den Prozentgehalt an aktivem Sauerstoff.

Hierbei wird vorausgesetzt, daß eine Permanganatlösung von genau Zehntelnormalstärke vorlag, andernfalls wäre der wie oben berechnete Korrektionsfaktor zu berücksichtigen.

Es entspricht 1 g wirksamer Sauerstoff O = 14,9 g Natriumpersulfat, $Na_2S_2O_8$ (100 proz.).

15. Physikalisch-chemische Untersuchungen über die Natur des Fettansatzes.

a) Allgemeines.

Die Lösung der Frage über die Beschaffenheit des Fettansatzes begegnet um so größeren Schwierigkeiten, je mehr Komponenten an der Zusammensetzung des Fett- und Fettsäuregemisches ursprünglich beteiligt waren. In der Regel finden zu diesem Zwecke die allgemeinen physikalisch-chemischen Methoden, so z. B. die Bestimmung des Schmelz- und Erstarrungspunktes, der Refraktion und Löslichkeit sowie die Ermittelung der Neutralisationszahl, Jodzahl in Verbindung mit Spezialprüfungen und Farbenreaktionen praktische Anwendung.

Man hat hierbei zu beachten, daß Beimengungen von Harzsäuren, Neutralfetten oder unverseifbaren Stoffen geeignet sind, die physikalisch-chemischen Eigenschaften der nach Abschnitt 2 abgeschiedenen Fettsäuren zu verschleiern; eine erfolgreiche Beantwortung der gestellten Aufgabe ist daher nur möglich, wenn alle derartigen Beimengungen, sofern sie erheblich sind, von den Fettsäuren zuvor getrennt werden. Dies gilt besonders für das Unverseifbare, welches unter allen Umständen entfernt werden muß, wenn seine Menge den Betrag von 1 Proz. (auf Fettsäuregemisch berechnet) überschreitet.

b) Spezieller Teil.

Über die Ausführung vorgenannter Einzelbestimmungen gibt das Kapitel „Fette, Öle und deren Fettsäuren“ nähere Auskunft. Es dürfte daher angebracht erscheinen, nur die Schlußfolgerungen, die aus den einzelnen Resultaten gezogen werden können, näher ins Auge zu fassen.

1. Physikalische Methoden.

α) Schmelz- und Erstarrungspunkte der Fettsäuren.

Wichtig sind namentlich die Erstarrungspunkte, bekannt unter dem Namen „Titer“. Da erfahrungsgemäß je nach Wahl der Methode verschiedene Resultate erhalten werden, muß der im Kapitel „Fette, Öle und deren Fettsäuren“ vorgezeichnete Weg genau innegehalten werden. Nachstehende Tabelle gibt für die wichtigsten Fette die mittleren Titerteste der Fettsäuren wieder.

Vegetabilische Fette.	Grade C.	Tierische Fette.	Grade C.
Mandelöl	11,8	Robbentran	15,9—23,9
Rüböl	13,6	Dorschleberöl	18,4—24,3
Olivenöl	17,2—26,4	Pferdefett	33,7
Leinöl	20,6	Rindstalg	38—46
Palmkernöl	20,5—25,5	Hammeltalg	41,5—48
Kokosnußöl	22,5—25,2		
Sesamöl	23,8		
Erdnußöl	29,2		
Palmöl	35,9—45,5		
Kottonöl	32—35,2		

β) Refraktion der Fettsäuren.

Dieselbe gibt vielfach wertvolle Aufschlüsse bei der Identifizierung. So sind namentlich Zusätze von Kokosöl und

Palmkernöl rasch durch die Depression der Refraktionsanzeige zu erkennen, während sich umgekehrt Harzsäuren oder ungesättigte Fettsäuren durch die Erhöhung der Refraktion verraten. Auf den zwischen Refraktion und Jodadditionsvermögen (siehe unten) bestehenden Parallelismus sei hier verwiesen. Die hohen Differenzen zwischen den einzelnen Refraktionswerten gehen aus nachstehender Aufstellung (Werte bei 40° C. von Huggenberg ermittelt) hervor.

Kokosöl 17,9°; Talgfettsäuren 30,5°; Olivenölfettsäuren 40,5°—42°; Cotton-Sesam-Erdnußölfettsäuren 47°, 46° bzw. 44,9°; Leinölfettsäuren 57,8°; Gemisch aus 21 Proz. Harz und 79 Proz. Leinölfettsäuren 81,6°.

Weiteres ist in den Spezialwerken zu ersehen.

γ) Löslichkeit der Fettsäuren.

In vereinzelten Fällen kann auch der Grad von Löslichkeit in absolutem Alkohol zur fraktionierten Trennung der Fettsäuren dienen.

2. Chemische Methoden.

α) Neutralisationszahl.

Dieselbe gibt die Anzahl von Milligrammen Kaliumhydroxyd an, die zur Sättigung von 1 g der Fettsäuren nötig sind. Im allgemeinen können die Fettsäuren direkt zur Untersuchung herangezogen werden. Liegen jedoch Fettsäuren vor, die aus Fetten mit hoher Verseifungszahl (über 200, z. B. Kokosfett) herrühren, so ist eine Trennung zwischen löslichen und unlöslichen Fettsäuren angebracht. Die Untersuchung beschäftigt sich alsdann zunächst mit den unlöslichen Fettsäuren.

Über die Bestimmung der „Neutralisationszahl" gibt das Kapitel „Fette, Öle und deren Fettsäuren" bzw. der Abschnitt „Säurezahl" nähere Auskunft. Hierbei sollen nicht weniger als 5 g Einwage in Arbeit genommen werden. Aus der „Neutralisationszahl" läßt sich das mittlere Molekulargewicht M der Fettsäuren berechnen nach der Formel

$$M = \frac{56\,100}{a}$$

wobei

M = das mittlere Molekulargewicht,
a = die Neutralisationszahl der Fettsäure bedeutet.

Nachstehende Tabelle zeigt die großen Verschiedenheiten der „Neutralisationszahlen N“ und „mittleren Molekulargewichte M“, welche bei den Fettsäuren der wichtigsten Fette zu beobachten sind.

Fettsäuren.	N	M	Fettsäuren.	N	M
Rüböl	185	303,2	Schweinefett	201,8	278
Rizinusöl	192,1	392	Pferdefett	202,6	276,9
Olivenöl	193	290,6	Baumwollsamenöl	202—208	277,7—269,7
Leinöl	197	284,7	Palmöl	205,6	272,8
Knochenfett . . .	200	280,5	Hammeltalg	210	267,1
Sesamöl	200,4	279,9	Palmkernöl	258—264	217,4—212,5
Erdnußöl	201,6	278,2	Kokosnußöl	258—266	217,4—210,9

β) Jodzahl der Fettsäuren.

Die Bestimmung der Jodzahl der Fettsäuren gewährt einen guten Einblick darin, ob neben gesättigten Fettsäuren solche der Ölsäuregruppe $C_nH_{2n-2}O_2$ (z. B. Ölsäure, Erukasäure), oder Linolsäurereihe $C_nH_{2n-4}O_2$ (z. B. Linolsäure), Linolensäure $C_nH_{2n-6}O_2$ (z. B. Linolensäure), oder andere ungesättigte Fettsäuren zugegen sind.

Vegetabilische Fette.	Jodzahl der Fettsäuren.	Animalische Fette.	Jodzahl der Fettsäuren.
Kokosnußöl . . .	8,4—9,3	Wollwachs . . .	17
Palmkernöl . . .	12	Hammeltalg . . .	34,8
Palmöl	53,3	Rindstalg	41,3
Olivenöl	86—90	Knochenfett . . .	55,7—57,4
Rizinusöl	87—93	Schweinefett . . .	64
Erdnußöl	96—103	Pferdefett	84—87
Rüböl	99—103	Walfischtran . . .	131,2
Sesamöl	110,4	Dorschleberöl . .	130,5—170
Baumwollsamenöl .	111—115		
Mohnöl	139		
Leinöl	179—209,8		

In manchen Fällen gelingt es sogar, sofern die Identität der ungesättigten Fettsäure festgestellt wurde, rechnerisch einen Rückschluß auf die Menge derselben zu ziehen. Auf die gewichtsanalytischen Trennungsmethoden der gesättigten und ungesättigten Fettsäuren (Lithium- oder Bleimethode usw.) kann hier nicht näher eingegangen werden. Vorstehende

Tabelle gibt ein Bild von den großen Verschiedenheiten der einschlägigen Jodzahlen der Gesamtfettsäuren.

γ) Spezielle Methoden.

Es seien hier nur einige benannt. Die Bestimmung der Arachinsäure nach Renard ist geeignet, Aufschluß über die Anwesenheit von Erdnußöl zu geben. Stearinsäuretrennungen von ungesättigten Fettsäuren und z. T. auch von Palmitinsäure gelingen nach Hehner und Mitchell, wenn man das Fettsäuregemisch mit einer bei 0° gesättigten alkoholischen Lösung reiner Stearinsäure (3 g Stearinsäure in 100 ccm warmen Alkohols vom spezifischen Gew. 0,8183 [= 94,4 vol.-proz.] gelöst und auf 0° gekühlt, von den ausgeschiedenen Kristallen abgehebert) behandelt.

Azetylzahlbestimmungen

gestatten namentlich bei Verdacht auf Anwesenheit von Rizinusöl weitgehende Schlußfolgerungen.

Über die Ausführungen dieser Methoden geben die einschlägigen Spezialwerke Auskunft.

Die Untersuchung der glyzerinhaltigen Unterlaugen, der Spaltungswässer und Glyzerine des Handels.

Die verschiedenen Verfahren der heute üblichen Fettspaltung und der Seifensiederei ergeben mehr oder weniger Glyzerin enthaltende Laugen und Wässer, die in erster Linie nach ihrem Gehalt an Reinglyzerin — $C_3H_5(OH)_3$ — bewertet und gehandelt werden. Werden diese Flüssigkeiten entsprechend vorbehandelt und eingedampft, so entstehen die Rohglyzerine; werden letztere auf dem Wege der chemischen Behandlung und Entfärbung gereinigt, so resultieren die Raffinate. Werden die Rohglyzerine aber Destillationsprozessen unterworfen, so erhält man die einfach und doppelt destillierten Glyzerine des Handels. Übrigens werden zurzeit auch einfach destillierte Glyzerine als raffinierte Waren gehandelt, bezw. seitens der Mitglieder der Deutschen Glyzerinkonvention abgegeben.

I. Glyzerinhaltige Unterlaugen und Glyzerinwässer.

a) Seifensiederunterlaugen. Diese bei der Kernseifenfabrikation entstehenden Laugen enthalten etwa 80 Proz. des aus dem Verseifungsakte nach dem Schema:

$$C_3H_5(OR)_3 + 3\,NaOH = 3\,RONa + C_3H_5(OH)_3$$

stammenden Glyzerins. Sie sind durch anorganische (Salze usw.) und organische Substanzen (Extraktivstoffe, Seifen, teerige Stoffe usw.) stark verunreinigt. Ihr Gehalt an Reinglyzerin wechselt meist zwischen 5 und 10 Proz.

b) Krebitzwässer. Nach dem Verfahren der Deglyzerinierung der Fette mittels Verseifung durch Kalkhydrat nach Krebitz entstehen Kalkseifen, welche das hierbei abgespaltene Glyzerin eingeschlossen enthalten. Werden diese Kalkseifen mit Wasser ausgelaugt, so entsteht stark kalkhaltiges Glyzerinwasser von etwa 6—8 Proz. Glyzeringehalt.

c) Twitchell-Wässer. Diese entstammen dem bekannten Fettspaltungsverfahren nach Twitchell. Sie sind meist ziemlich rein und enthalten ca. 12—16 Proz. Glyzerin.

d) Fermentglyzerinwässer. Die bei der Spaltung der Fette und Öle mittels des Rizinussamenfermentes erhaltenen Glyzerinwässer charakterisieren sich durch einen ziemlich hohen Gehalt an Sameneiweiß, sind aber sonst ebenfalls recht reine und ca. 12—19 Proz. Reinglyzerin enthaltende Flüssigkeiten.

e) Autoklaven-Glyzerinwässer. Das sind bei der Spaltung der Triglyzeride im Autoklaven entstehende Glyzerinwässer, welche als die reinsten derartigen Glyzerinflüssigkeiten anzusehen sind. Sie sind gewöhnlich etwa 10prozentig.

Bei allen diesen von a) bis e) kurz beschriebenen glyzerinhaltigen Flüssigkeiten bestimmt man den Gehalt an Glyzerin entweder nach dem Azetinverfahren (s. S. 80) oder nach dem

Bichromatverfahren, Methoden, welche bei richtiger Ausführung beide zu annähernd gleichen Resultaten führen. Diesseits wird jedoch im Hinblick auf die Differenzen in den Resultaten, welche teils durch ungleiche Handhabung dieser Methoden, teils durch ihre Eigenart selbst, bei verschiedenen Analytikern erfahrungsgemäß veranlaßt werden, sowie mit Rücksicht auf die Wahl desselben seitens der Deutschen Glyzerinfabrikanten-Konvention für ihre Verkaufsanalysen, das nachstehend näher angegebene Bichromatverfahren empfohlen. Dasselbe garantiert, wenn genau nach folgenden Angaben verfahren wird, auch bei verschiedenen Analytikern fast gleiche bzw. nur sehr wenig differierende Resultate und hat sich daher im Handel mit Glyzerinflüssigkeiten bei deren Untersuchung auf ihren Glyzeringehalt allgemein eingebürgert.

Bichromatverfahren.

An Chemikalien sind hierfür erforderlich:

1. Bleiessig, Liquor Plumbi subacetici des Deutschen Arzneibuches (D. A. 4).
2. Verdünnte Essigsäure, Acidum aceticum dilutum, spez. Gewicht 1,041 (D. A. 4).
3. Saures chromsaures Kalium (analysenrein, Merck).
4. Schwefelsaures Eisenoxydul-Ammon (analysenrein, Merck).
5. Destilliertes Wasser (chem. rein, D. A. 4).
6. Konzentrierte Schwefelsäure (spez. Gew. 1,840, D. A. 4).
7. Verdünnte Schwefelsäure (100 ccm konzentrierte Schwefelsäure, 100 ccm dest. Wasser).
8. Rotes Blutlaugensalz (analysenrein, Merck).

An wäßrigen Lösungen, welche bei 15° C herzustellen sind, sind erforderlich:

a) Kaliumbichromatlösung, im Liter 74,86 g Kaliumbichromat und 150 ccm konzentrierter Schwefelsäure enthaltend. 1 ccm dieser Lösung entspricht 0,01 g $C_3H_5(OH)_3$.

Temperatur-Korrektionstabelle für konzentrierte Hehnersche Chromlösung.

t Temperatur der Chromlösung	f Korrigiertes Volumen von 1,0000 ccm Chromlösung	Logarithmus
11° C	0,9980 ccm	99913
12° „	0,9985 „	99935
13° „	0,9990 „	99956
14° „	0,9995 „	99978
15° „	1,0000 „	00000
16° „	1,0005 „	00022
17° „	1,0010 „	00043
18° „	1,0015 „	00065
19° „	1,0020 „	00087
20° „	1,0025 „	00108
21° „	1,0030 „	00130
22° „	1,0035 „	00152
23° „	1,0040 „	00173

Anwendung der Tabelle: Hat man ein bestimmtes Volumen Chromlösung bei t° C gemessen, so berechnet sich die bei 15° C vorhandene Menge Chromlösung durch Division des Volumenwertes durch den Faktor f.

b) Verdünnte Bichromatlösung, welche im Liter 100 ccm der Bichromatlösung (ad a) enthält.

c) Eisenoxydulammonsulfatlösung, im Liter 240 g schwefelsaures Eisenoxydulammon und 100 ccm konzentrierter Schwefelsäure (ad 6) enthaltend.

Außerdem:

d) Lösung von rotem Blutlaugensalz 1:1000 in dest. Wasser. Sie ist nicht vorrätig zu halten, sondern stets erst vor dem Gebrauche anzufertigen.

Einstellung der Eisenoxydul-Ammonsulfatlösung.

10 ccm derselben werden mit der ad b) genannten verdünnten Bichromatlösung unter gutem Umrühren versetzt, bis ein Tropfen der entstandenen Mischung mit einem Tropfen roter Blutlaugensalzlösung beim Zusammenfließen auf einer

Porzellanplatte oder auf Filtrierpapier keine Blaufärbung mehr gibt.

Gewöhnlich entsprechen 10 ccm der Eisenlösung = 40 ccm der verdünnten Kaliumbichromatlösung. Somit entspricht dann 1 ccm der Eisenlösung = 0,4 ccm der starken Bichromatlösung. Diese Einstellung der Eisenlösung ist natürlich vor jeder Analyse von neuem vorzunehmen, wenn nicht eben mehrere Analysen direkt hintereinander ausgeführt werden.

Die Ausführung der Analyse.

20 g Unterlauge, welche aber keinesfalls mehr als 2 g Reinglyzerin enthalten dürfen, wenn wie folgt verfahren wird, werden in einem geeigneten Wägegläschen auf der chemischen Wage genau abgewogen und ohne Verlust in einen ca. 200 ccm fassenden Meßkolben gebracht und mit verdünnter Essigsäure nahezu neutralisiert; eine Ansäuerung der Mischung ist also unbedingt zu vermeiden. Hierauf wird mit dest. Wasser auf ein Volumen von ca. 50 ccm verdünnt und nach und nach Bleiessig zugesetzt, bis schließlich nach einigem Stehenlassen der Reaktionsflüssigkeit ein letzter Tropfen des Bleiessigs keinen Niederschlag mehr erzeugt. Man läßt dann etwa eine halbe Stunde stehen und füllt das Gemisch auf 200 ccm, also bis zur Marke auf unter Berücksichtigung der Temperatur von 15° C.

Von der gut durchgeschüttelten Gesamtflüssigkeit wird durch ein trockenes Filter etwas abfiltriert.

20 ccm dieses Filtrates = 2 g Unterlauge werden nun in einen Erlenmeyer-Kolben von ca. 300 ccm Inhalt gebracht und in nachstehender Reihenfolge und in kleinen Portionen zugesetzt:

1. 30 ccm dest. Wasser,
2. 30 ccm verdünnter Schwefelsäure (s. ad 7),
3. 25 ccm starker Kaliumbichromatlösung (ad a),

welche aus einer Bürette mit Glashahn abgelassen werden unter Berücksichtigung des Nachlaufenlassens von 2 Minuten.

Dieses Gemisch wird nun 2 Stunden lang in ein siedendes Wasserbad eingehängt, wobei der Kolben mit einem kleinen Trichter zu bedecken ist.

Nach dem Erkalten des Reaktionsgemisches wird es mit erwähnter, genau eingestellter Eisenlösung (ad c) zurücktitriert, bis also ein Tropfen des ersteren mit einem Tropfen roter Blutlaugensalzlösung deutlich sichtbare Bläuung zeigt.

Die Ausrechnung der Analyse ergibt sich hiernach sehr einfach wie folgt:

Sind z. B. zum Zurücktitrieren der oxydierten Flüssigkeit bzw. der darin im Überschuß vorhandenen starken Bichromatlösung 40 ccm der Eisenlösung verbraucht worden, so entsprechen diese $40 \times 0{,}4 = 16$ ccm starker Bichromatlösung. Werden diese nun von den von vornherein zugesetzten 25 ccm derselben abgezogen, so wurden $25 - 16 = 9$ ccm starker Bichromatlösung zur Oxydation des vorhanden gewesenen Glyzerins in Kohlensäure und Wasser benötigt, welche $9 \times 0{,}01 = 0{,}09$ g $C_3H_5(OH)_3$ entsprechen. Diese Menge ist in 2 g der angewandten Unterlauge enthalten, d. h. sie enthält 4,5 Proz. Reinglyzerin.

Die Untersuchung aller andern Glyzerinwässer auf ihren Glyzeringehalt wird in genau gleicher Weise vorgenommen, nur hat man stets zu beachten, daß diese meist erheblich mehr Glyzerin enthalten als die Unterlaugen, daß also entsprechend weniger davon zur Untersuchung anzuwenden ist. Nimmt man 10 g davon, so wird dies auf keinen Fall zu viel sein. Man könnte nun bei größerem Gehalt des Untersuchungsobjektes an Glyzerin entsprechend mehr der starken Bichromatlösung zur Oxydation anwenden; im Interesse der Einheitlichkeit des angewendeten Verfahrens und seiner Handhabung sind jedoch die Konzentrationsverhältnisse beim Untersuchungsgange nicht zu verschieben, sondern in diesen Fällen, wie gesagt, lieber von vornherein weniger Analysensubstanz, also nur 10 g, anzuwenden.

Sind nun die übrigen Glyzerinwässer meist ziemlich homogene Flüssigkeiten, so unterscheiden sich die Unterlaugen und die Fermentglyzerinwässer von jenen meist auch durch ihre oft große mechanische Verunreinigung. In den Unterlaugen sind häufig Klumpen von Seife, leimige Gerinnsel verschiedener Art, in den Fermentwässern oft Samenteile und Pflanzeneiweiß in relativ großer Menge vorhanden, deren Beachtung beim Abwiegen der Analysensubstanz von Wichtigkeit ist. Die Feinheit und Gleichmäßigkeit der Sedimente in den Fermentwässern gestattet indes ein gutes Durchschütteln der Probe, so daß beim schnellen Abwiegen der zur Untersuchung kommenden etwa 15—20 g immerhin ein gutes Durchschnittsquantum gesichert ist. Anders ist es aber oft bei sehr unreinen Unterlaugen. Diese sind daher vor dem Abwägen so zu behandeln, daß die beim Durchseihen durch ein Sieb zurückgebliebenen Klümpchen erst zu einem gleichmäßigen Brei verrieben werden und dann, mit dem ganzen Quantum vereint kräftig durchgeschüttelt, mit zur Abwägung kommen. Andernfalls können relativ große Klümpchen Seife oder dergleichen beim Abwägen mit hineinschlüpfen, welche bei der in Frage kommenden verhältnismäßig kleinen Menge Unterlauge von 20 g erheblich ins Gewicht fallen. Hierdurch kann das Resultat der Untersuchung also insofern beeinflußt werden, als zu wenig Glyzerin gefunden werden würde. Zu bemerken ist ferner, daß vorstehend angegebene Bichromatmethode nicht anwendbar ist, wenn die Untersuchungsobjekte etwa Zucker, Dextrin, ätherische Öle, bzw. sonstige oxydierbare, durch Bleiessig nicht fällbare Stoffe beigemengt enthalten. In solchen Fällen sind genau gewogene Mengen der Wässer im Vakuum einzudampfen und die Konzentrate nach dem Azetinverfahren zu untersuchen.

Die qualitative Prüfung, ob derartige störende Verunreinigungen vorliegen, erfolgt nach den bekannten Methoden.

Das Azetinverfahren.

Von den fraglichen Glyzerinflüssigkeiten wägt man im Wägegläschen 15 g genau ab, säuert sie ganz schwach mit Essigsäure an, erwärmt etwas und filtriert durch ein angenäßtes Filter in einen inkl. Hals ca. 30 ccm hohen Rundkolben, dessen Bauch etwa 150 ccm Wasser faßt und dessen Hals etwa 20 ccm lang ist und ca. 3,5 cm lichte Weite zeigt. Das Filter wird mit etwas warmem, destilliertem Wasser nachgewaschen und die nun vielleicht 30—40 g betragende Flüssigkeit unter Vakuum eingedampft, indem man besagten Rundkolben einfach schräg im kochenden Wasserbade befestigt und an eine Luftpumpe anschließt. Durch Drehen des Kolbens verjagt man nach und nach auch das in den oberen Teilen desselben anfangs kondensierte Wasser und hat nach kurzer Zeit ein Konzentrat, das man im selben Kolben direkt zur Azetylierung verwenden kann. Dies geschieht nach dem Einwiegen von mindestens 10 g Essigsäureanhydrid und 3,5—4 g geschmolzenem und gepulvertem Natriumazetat. Es ist praktisch, mindestens 10 g Essigsäureanhydrid einzuwiegen, weil es sonst vorkommt, daß sich beim Erhitzen des Reaktionsgemisches später steinharte Salzstücke am Boden des Kolbens festsetzen, die mit den organischen Verunreinigungen der glyzerinhaltigen Flüssigkeiten so fest zusammenbacken, daß sie sich kaum wieder lösen wollen. Der Kolben springt dann sehr leicht am Boden! Die in der Literatur (Benedikt, Lewkowitsch) vorgeschriebenen ca. 8 g des Anhydrids bieten also manchmal nicht genügend Lösungsflüssigkeit. Die Öffnung und der oberste Teil des Kolbenhalses werden innen sehr gut trocken gewischt und nun mittels eines gut schließenden Gummistopfens luftdicht an einen Rückflußkühler angeschlossen, nachdem man vorher direkt über dem Gummistopfen eine dicke Manschette von Fließpapier angebracht hat. Diese hat den Zweck, das an den äußeren Teilen des Kühlers aus der Feuchtigkeit der Zimmerluft herrührende Kondenswasser aufzufangen und so den heißen Kolben vor dem Zerspringen zu schützen. Ist der Rückflußkühler an die Wasserleitung angeschlossen, so erhitzt man den auf einem Drahtnetz mit Asbesteinlage stehenden Azetylierungskolben mit dem Bunsenbrenner. Anfangs schwenkt man den Kolben öfter, bis vollkommene Lösung und gleichmäßiges Sieden seines Inhaltes eingetreten ist, und erhitzt so stark, daß die Destillate nahezu bis zur Öffnung des Rückflußkühlers gelangen. Dies hat den Zweck, die beim Einfüllen der zu untersuchenden Glyzerinflüssigkeit vielleicht an die innere Halswandung des Kolbens gespritzten Teilchen derselben in den Kolbenbauch hinunterzuwaschen. Dann dreht man die Gasflamme so weit herunter, daß der Kolbeninhalt nur ganz schwach siedet. Man schützt die kleingeschraubte Flamme vor Luftzug und läßt, von Beginn des Siedens an gerechnet, eine Stunde lang kochen, stellt dann die Flamme ab und kann nun abkühlen lassen und die Untersuchung weiter fortsetzen oder, wenn dies nicht gleich möglich ist, den Kolben mit seinem nun einen festen, kristallinischen Kuchen bildenden Inhalt ruhig so lange stehen lassen, wie man eben will. Führt man die Untersuchung gleich zu Ende, so läßt man den Kolben genügend abkühlen, füllt durch den Rückflußkühler hindurch 50 ccm destilliertes Wasser ein, schwenkt um und erwärmt unter dem Rückflußkühler den Kolben nochmals mit der Gasflamme (aber nicht bis zum Kochen) so lange, bis sich die schwerlöslichen öligen Tropfen des jetzt vorhandenen Triazetins vollkommen gelöst haben, zieht den Kolben vom Rückflußkühler ab, kühlt ihn in Wasser bis auf lauwarm herunter und filtriert den Inhalt durch ein vorher angenäßtes Papierfilter in eine tiefe Porzellanschale von etwa 23—24 cm Durchmesser. Das Filter wird natürlich sehr gut nachgewaschen und das ganze Filtrat nach Zusatz von Phenolphthaleïn mit einer möglichst karbonatfreien, ca. 2—3 proz. Natronlauge genau neutralisiert, so zwar, daß eine, auch nach einer Viertelstunde noch stehen bleibende minimale Rosafärbung sichtbar bleibt. Hierauf setzt man genau 25 ccm einer ca. 20 proz. möglichst karbonatfreien Natronlauge hinzu und setzt die Schale auf einen großen Brenner, um sie etwa eine halbe Stunde lang bis zum schwachen Kochen zu erhitzen, bzw. das Triazetin zu verseifen. Inzwischen titriert man 25 ccm der ca. 20 proz. Verseifungslauge mit Normalsäure, wobei man genau denselben Raumteil der Bürette benutzt und dieselbe Abflußgeschwindigkeit der Natronlauge innehält wie zuerst. Nach geschehener Verseifung des Triazetins wird der Schaleninhalt kochend heiß mit genau gemessenen Mengen Normal-Salzsäure übertitriert und nach dem Erkalten der Flüssigkeit mit Normal-Lauge zurücktitriert.

Ausrechnung.

Z. B. 25 ccm der 20 proz. Natronlauge = 60 ccm Normal-Salzsäure.

Zur Untersuchungsflüssigkeit wurden zugesetzt 25 ccm Normal-Salzsäure, zurücktitriert 3 ccm, also 22 ccm Normal-Salzsäure in Wirklichkeit zur Neutralisation der bei der Verseifung überschüssig zugesetzten Natronlauge verbraucht. Mithin hat das Triazetin die 60—22 ccm Normal-Salzsäure entsprechende Menge Natronlauge verbraucht, d. h. = 38 ccm.

$$0{,}03067 \,.\, 38 = 1{,}1654 \text{ g}.$$

Waren also 15 g Flüssigkeit zur Untersuchung angewendet, so enthielten dieselben 1,1654 g = 7,76 Proz. Glyzerin.

II. Rohglyzerine.

Diese gliedern sich nach ihrer fabrikatorischen Herkunft in:

1. Saponifikationsglyzerine (von der Autoklavenspaltung herrührend),
2. Destillationsglyzerine (Glyzerine der Verseifung durch Schwefelsäure),
3. Ferment- und Twitchell-Glyzerine (aus den gleichbenannten Verfahren stammend).
4. Laugenglyzerine und Krebitzglyzerine (aus der Seifensiederei stammend).

a) Bestimmung des spezif. Gewichts. Diese wird mit der Mohr-Westphalschen Wage bei 15° C vorgenommen, wobei zu beachten ist, daß keine Luftblasen störend einwirken. Kontrolle eventuell durch das Pyknometer.

b) Aschenbestimmung. 3—4 g Rohglyzerin werden im Platintiegel auf der Asbestplatte vorsichtig erwärmt, so daß die Flamme die Asbestplatte zuerst nicht berührt, bis das Wasser und schließlich auch das Glyzerin verdampft ist.

Hierauf wird stärker erhitzt. Bei Laugenglyzerinen wird der entstandene kohlige Rückstand fein verrieben, mit heißem Wasser extrahiert und die Kohle zunächst auf einem quantitativen Filter isoliert. Filter nebst Kohle werden getrocknet und verascht, der wäßrige Auszug wird hinzugefügt, verdampft und getrocknet. Hierauf wird vorsichtig (nicht über 400° C) geglüht, damit kein Kochsalz verdampft. Bei allen anderen Glyzerinen ist diese Extraktion nicht nötig, man glüht die meist nur aus Kalk-, Eisen-, Magnesia-Verbindungen und Zinkoxyd usw. bestehenden Aschen direkt nach Verbrennung der ausgeschiedenen Kohle und wägt die erhaltene Asche, nach dem Erkalten des Tiegels im Exsikkator, wie üblich. Die Natur derselben ist nach den bekannten analytischen Methoden festzustellen.

c) Chloride, Sulfate, Sulfide, Sulfite, Hyposulfite, Arsen usw. werden nach den üblichen analytischen Methoden bestimmt. Quantitative Chlorbestimmungen werden besser nicht in der verdünnten Glyzerinflüssigkeit selbst vorgenommen, sondern in der wäßrigen Salzlösung, die man gewinnt, nachdem eine gewogene Menge des fraglichen Glyzerins entzündet, hierauf abgebrannt, verkohlt und nun mit dest. Wasser ausgelaugt wurde. Die Chlorbestimmung wird dann in dieser Lösung in bekannter Weise titrimetrisch ausgeführt. ' Chlorsilber ist in Glyzerin etwas löslich.

d) Zucker wird polarimetrisch bestimmt nach vorheriger Fällung der Untersuchungsflüssigkeit durch Bleiessig.

e) Der Glyzeringehalt wird, wenn eben angängig, nach dem vorstehend angegebenen Bichromatverfahren festgestellt.

f) Wassergehalt. 4—5 g des Glyzerins werden in einem Philipsbecher von ca. 10 cm Höhe und etwa 4 cm Halsöffnung genau abgewogen, dieser dann mit einem vorher bei 105° C getrockneten Wattebausch lose verschlossen und alles genau gewogen. Der so beschickte Philipsbecher wird nun 4 Stunden lang in einem Lufttrockenschrank auf 100—105° C erwärmt und sein Gewichtsverlust, nach dem Erkalten im Exsikkator, festgestellt und als Wasser berechnet. Die Temperatur darf 105° C nicht überschreiten. Glyzerin geht bei Benutzung vorerwähnter Apparatur nicht oder kaum verloren.

g) Gehalt an organischen Verunreinigungen. 5 g des Glyzerins werden langsam auf etwa 160—170° C erhitzt, indem man die Platinschale auf eine Asbestplatte stellt und mit ganz kleiner Flamme Wärme zuführt. Das Glyzerin verdampft hierbei ziemlich schnell, die Verdampfung kann aber auch noch durch einen schwachen Luftstrom unterstützt werden. Zuletzt gibt man wiederholt einige Tropfen dest. Wassers hinzu, wodurch eine vollkommene Verdampfung des Glyzerins bewirkt wird (siehe auch h). Der schließlich gebliebene Verdampfungsrückstand wird gewogen und dann verascht. Die Differenz zwischen dem Gewicht der Asche und dem des Verdampfungsrückstandes gibt die Menge der vorhandenen organischen Substanzen an. Selbstredend kann man diese auch nach Heller bestimmen, indem man nach h) verfährt, wobei der Destillationsrückstand minus Aschengehalt den Gehalt an organischen Stoffen angibt.

h) Destillationseffekt und Rückstandsbildung werden, wenn erforderlich, nach O. Heller festgestellt.

Der Gang dieser Methode ist folgender:

Zunächst wird der Wassergehalt wie vorstehend unter f) angegeben, und dann die Asche, wie unter b) beschrieben, bestimmt; dann wird eine gewogene Menge des Glyzerins wie folgt destilliert:

10 g Glyzerin werden in ein genau gewogenes Rundkölbchen mit weitem Halse (ca. 100 ccm Wasserinhalt) genau eingewogen und dessen Öffnung mit einem zweimal durchbohrten Korkstopfen versehen. Durch die eine Bohrung führt man ein zu einer feinen Spitze ausgezogenes Glasröhrchen von ca. 4 mm Durchmesser so ein, daß dessen Spitze in einigem Abstand davon auf die Oberfläche des eingewogenen Glyzerins gerichtet ist. Die zweite Bohrung erhält ein nur ca. 1 cm in den Kolbenhals hineinreichendes Abzugsrohr von ca. 7 mm Durchmesser, welches nach einer kleinen Vorlage, U-Rohr oder dergleichen hinüberleitet und luftdicht angeschlossen zur Wasserluftpumpe führt. Setzt man diese nun in Gang, so evakuiert man den ganzen Apparat bei geschlossener Klemmschraube, öffnet diese dann ganz wenig, und so saugt sich unter dauerndem Vakuum ein kalter Luftstrom durch das erste Röhrchen und bläst auf das Glyzerin im Kölbchen, aus welchem erst Wasser und dann Glyzerin fortgeführt wird, sobald das Kölbchen entsprechend erhitzt wurde. Das geschieht mittels eines Luftbades, in das man das Kölbchen so hineinbringt, daß es nur vom Korkstopfen ab daraus hervorragt. In das oben offene und während der Arbeit mit 2 Kreishälften aus Asbestpappe lose zuzudeckende Luftbad hängt man ein Drahtgestell, das unten einen kleinen Drahtboden enthält, auf welchen man über einem Stück Asbestpappe das Kölbchen aufsetzt. Erwärmt man nun das Luftbad von unten mit der Gasflamme, so ist das Destillationskölbchen vor der direkten Flamme geschützt und wird doch genügend erwärmt, um zunächst das Wasser und dann das Glyzerin aus dem Kölbchen abdestillieren zu können. Schließlich bleibt ein nicht mehr beweglicher Rückstand im Kölbchen, welcher aber noch etwas Glyzerin mechanisch einschließt. In diesem Stadium unterbricht man die Destillation, läßt etwas erkalten und gießt ca. 15 ccm destilliertes Wasser ins Destillationskölbchen, um damit den Rückstand wieder zu lösen. Hierauf destilliert man in bisheriger Weise von neuem, wobei die letzten Spuren Glyzerin mit übergehen, bis zur Trockne.

Der nun erhaltene fast pulvrige Rückstand wird gewogen und ist

der Destillationsrückstand des Glyzerins, welcher nach Abzug der erhaltenen anorganischen Aschenmenge zugleich

den organischen Rückstand des Glyzerins (Teere usw.) repräsentiert; Der Gewichtsverlust des Kölbchens inkl. Beschickung, abzüglich des gefundenen Wassers, ist

der destillatorisch in maximo zu erhaltende Glyzeringehalt des zur Untersuchung abgewogenen Rohglyzerins.

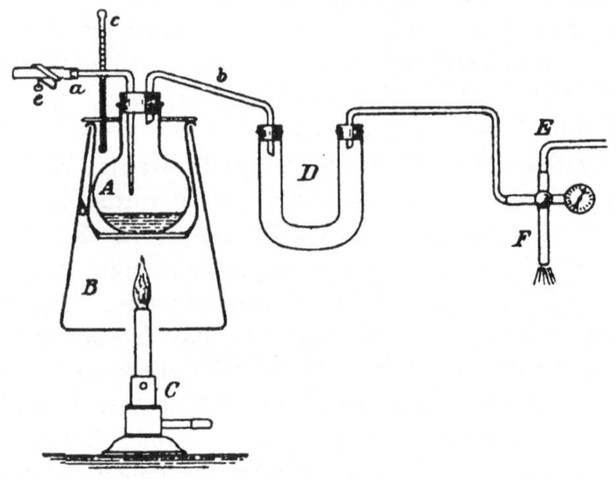

Fig. 5.

A Rundkölbchen von Glas. a Gläsernes Lufteinführungsröhrchen. b Gläsernes Destillationsröhrchen. c Thermometer. d Drahtgestell mit Asbestboden. e Schlauchstückchen mit Klemmschraube. B Kupfernes Luftbad. C Bunsenbrenner. D Gläserne Vorlage für das Destillat. E Wasserleitung. F Körtingsche Wasserluftpumpe mit Vakuummeter.

Auf diesem Wege ist man also in der Lage, festzustellen, nicht nur wieviel Glyzerin, Wasser, Asche und organische Verunreinigungen die Ware enthält, sondern auch wie sie sich im Destillationsgange verhält, und wieviel sie mindestens Destillationsrückstand ergibt. Man kann dies alles auch feststellen mit einem geringeren Quantum von etwa 20 g insgesamt, was von Wichtigkeit ist, da dem Käufer im Glyzerinhandel häufig nur kleine Postmuster zur Verfügung stehen, an deren Qualitätsbestimmung ihm aber oft gelegen ist.

In der kleinen Destillationsvorlage D findet man zudem nach Beendigung des Prozesses immerhin genügend Glyzerindestillat, um es auf Wunsch auf Geruch, Geschmack, Farbe und Entfärbungsfähigkeit, Arsengehalt usw. prüfen zu können. Laugenglyzerine werden, wenn stark alkalisch, mit einigen Tropfen Essigsäure nahezu neutralisiert, bevor man sie destilliert.

III. Raffinierte Glyzerine.

Zu diesen gehören nicht nur alle durch chemische und physikalische Reinigungsmethoden mehr oder weniger entfärbte und auch desodorisierte, sondern hierunter werden neuerdings auch destillierte Glyzerinqualitäten verstanden. Sie finden für die verschiedensten technischen Zwecke Anwendung und haben den diesen entsprechenden Reinheitsbedingungen zu genügen.

Ihre Untersuchung und Bewertung ist sinngemäß nach dem Vorgesagten vorzunehmen bzw. nach besonderen, im Glyzerinhandel üblichen Anforderungen zu bewirken.

IV. Destillierte Glyzerine.

Hierbei kommen in Frage:

A. Dynamitglyzerine.
B. Einfach destillierte Glyzerine.
C. Chemisch reine oder doppelt destillierte Glyzerine.

A. Dynamitglyzerine.

Die Verwendung dieser Glyzerine zur Nitroglyzerinfabrikation zwingt den Sprengstoffabrikanten im Hinblick auf die aus ihrer etwaigen Unreinheit resultierenden Gefahren, zu besonderer Vorsicht im Einkauf und zur Forderung bestimmter Reinheit. Wenn diese Anforderungen auch nicht überall ganz gleiche sind, so kommen sie doch auf folgende als unerläßlich angesehene Bedingungen hinaus:

1. Möglichste Freiheit von Chloriden, Sulfaten, Kalk, Magnesia und Tonerde sowie Arsen.
2. Hohes spezifisches Gewicht — nicht unter 1,261.
3. Freisein von größeren Mengen reduzierender organischer usw. Stoffe und geringer Gesamtrückstand. Fehlen freier Säuren.

4. Leichte Nitrierungsfähigkeit und schnelle Scheidung bei vollkommen blanken, spiegelnden, also absolut schleierfreien Trennungsflächen von Nitroglyzerin und Nitrierungssäure.

ad 1 sei bemerkt, daß Kalk, Magnesia und Tonerde kaum in Spuren vorhanden sein dürfen, Chlor bzw. Chloride nur insoweit, daß 1 ccm Glyzerin und 2 ccm dest. Wasser gemischt, mit 3 Tropfen Silbernitratlösung versetzt, nur eine Opaleszenz, aber keine starke milchige Trübung oder gar Fällung geben dürfen. Quantitativ soll dies nicht mehr wie etwa 0,01—0,025 Proz. NaCl ausmachen.

ad 2. Das spezif. Gewicht soll bei 15° C 1,261—1,262 betragen.

ad 3. Wird 1 ccm Glyzerin in 2 ccm dest. Wassers gelöst und diese Lösung, nach Zusatz von 3 Tropfen einer zehnprozentigen Silbernitratlösung, unter Lichtabschluß beobachtet, so darf sie sich innerhalb 10 Minuten nicht bräunen oder gar schwärzen. Werden etwa 5 g Glyzerin genau abgewogen und im Trockenofen nach und nach (also nicht schnell) auf 160° C erhitzt bis zur Gewichtskonstanz, so darf der Gesamtrückstand nicht mehr wie 0,25 Proz. der abgewogenen Menge des Glyzerins betragen. Die Verdampfung des Glyzerins wird hierbei befördert, wenn man von Zeit zu Zeit das in der Platinschale befindliche Glyzerin mit einigen Tropfen vorher heiß gemachten Wassers durchfeuchtet. Die entstehenden Wasserdämpfe nehmen dann das Glyzerin mit fort.

Das Glyzerin darf blaues Lackmuspapier nicht röten. 1 ccm des blanken Glyzerins, mit 2 ccm dest. Wassers verdünnt, darf nach Zusatz von etwas Salzsäure nicht trübe werden. (Höhere Fettsäuren und deren Seifen.)

ad 4. Die Untersuchung der Dynamitglyzerine auf Nitrierungseffekt und glatte Scheidung nach der Nitrierung ist für diejenigen Fabrikanten von Wichtigkeit, welche eben Dynamitglyzerine herstellen oder handeln, und wird vom öffentlichen Chemiker der Branche ebenfalls öfter verlangt.

Bei der großen Gefährlichkeit des hierbei entstehenden Nitroglyzerins ist besondere Vorsicht nötig. Ein in der Praxis bewährter Untersuchungsgang ist folgender:

20 g Dynamitglyzerin werden tropfenweise in die in ein Becherglas von etwa 12 cm Höhe und 8 cm Breite gebrachte Menge von 150 g Nitrierungssäure fließen gelassen, wobei die Temperatur des Reaktionsgemisches 20° C möglichst nicht überschreiten, keinesfalls aber bis auf 30° C ansteigen darf. Die Nitrierung ist also unter unausgesetzter Kontrolle der Temperatur auszuführen. Nach Beendigung der Nitrierung wird das Reaktionsgemisch in einen trockenen, engen, graduierten Meßzylinder gegossen und beobachtet, ob die Scheidung der zunächst trüben Emulsion in eine obere blanke Nitroglyzerinschicht und in eine untere Säureschicht schnell bzw. spätestens innerhalb 10 Minuten vor sich gegangen ist und ferner, ob sich die Trennungsflächen von Säure und Nitrat spiegelnd blank zeigen oder nicht.

Unreine, mit organischen, teerigen usw. Destillationsprodukten und Salzen behaftete Glyzerine scheiden sich ziemlich schwer und geben unreine, blasige bzw. mit spinngewebsartigen schwärzlichen Ausscheidungen verschleierte Trennungsflächen.

Zur Ausführung der Nitrierung füllt man nun zunächst eine absolut saubere und trockene Bürette mit Glashahn mit dem zu untersuchenden Dynamitglyzerin vorsichtig an, so zwar, daß keine Luftblasen hineinkommen, also bei anfangs geöffnetem Glashahn. Hierauf läßt man in ein genau tariertes Becherglas tropfenweise so viel Glyzerin, als etwa 20 g entsprechen, aus der Bürette ab, wiegt genau aus und notiert sich den Stand der Bürette, welche in ein recht feststehendes Stativ unverrückbar eingeklemmt ist. Unter die Bürette wird jetzt ein großes, etwa 45 cm Durchmesser habendes, möglichst 15 bis 20 cm tiefes Becken gestellt, welches bei Beginn der Arbeit mit möglichst kaltem Wasser gefüllt ist. Hat man ein Reservoir oder Becken mit zu- und ablaufendem Kühlwasser zur Hand, so ist dies ganz gut, aber durchaus nicht nötig. Für die Dauer der Nitrierung von ca. 20 g Glyzerin genügt ein Becken mit vorgenanntem Kubikinhalt vollkommen zur Kühlung, wenn das Wasser von vornherein höchstens 5—6° C Temperatur zeigte. Um eine Hand stets frei zu haben, befestigt man ein geeignetes Thermometer an dem Rande des Becherglases, so daß sein Quecksilberkörper innen nahezu, aber nicht ganz, bis zum Boden des Becherglases reicht. Dies gelingt sehr leicht, wenn man einen großen, weichen (nicht bröckeligen) Kork, den man eventl. vorher noch mit Weichparaffin oder Vaselinöl imprägniert hat, mit einer Durchbohrung für das Thermometer und daneben mit einem tiefen, der Form des Becherglasrandes angepaßten Einschnitt versieht, der es gestattet, den Kork mit Thermometer auf den Rand des Becherglases fest aufzusetzen. Dann bringt man 150 g Nitrierungssäure, bestehend aus einem gut abgekühlten Gemisch von 1 Gewichtsteil rauchender Salpetersäure vom spez. Gewicht 1,5 und 2 Gewichtsteilen reiner konzentr. Schwefelsäure vom spezif. Gewicht 1,845 in das Becherglas und läßt nun in ganz langsamem Tropfenfall Glyzerin in die Säure fließen, wobei das Becherglas zur Kühlung im Wasser ständig drehend zu schwenken ist. Die Reaktion geht sofort vor sich, und es steigt, besonders im Anfange, die Temperatur sofort bis auf 20° C und mehr. Durch Schwenken des Glases in dem kalten Wasser geht sie aber bald wieder auf ca. 12—13° C herab, und erst dann darf ein weiterer Tropfen Glyzerin zulaufen gelassen werden und so oft, bis die der abgewogenen Menge von ca. 20 g entsprechende Kubikzentimeterzahl abgetropft ist. Sind etwa 8—10 g des Glyzerins im Becherglase, so läßt die Reaktionsgeschwindigkeit und damit auch die plötzliche Temperaturerhöhung sehr nach, und die Gefährlichkeit der ganzen Arbeit ist dann viel geringer. Nach Beendigung der Nitrierung wird das Becherglas außen gut abgetrocknet und sein Inhalt mit größter Vorsicht in einen Meßzylinder gegossen und nun die notwendige schnelle resp. blanke Scheidung beobachtet. Nach längerem Stehen, wobei man den Meßzylinder in kaltes Wasser stellen kann, liest man ab, welchen Raum die obere Nitroglyzerinschicht einnimmt. Man multipliziert die Zahl der Kubikzentimeter mit dem spez. Gewicht des Nitroglyzerins, welches bei 15°C 1,6009 beträgt, und hat so gleichzeitig eine annähernd genaue quantitative Bestimmung der aus der abgewogenen Quantität Dynamitglyzerin erzeugten Menge Nitroglyzerin, welche nicht unter 200 Proz. betragen darf. Die theoretische Ausbeute beträgt 246,7 Proz., sie ist aber auf genanntem Wege schon darum niemals erreichbar, weil Nitroglyzerin in Nitrierungssäure nicht unerheblich löslich ist, also der Ablesung entzogen wird.

Nun muß sowohl das erzeugte Nitroglyzerin (ca. 42 bis 43 g) als auch die nitroglyzerinhaltige Nitrierungssäure vollständig unschädlich gemacht werden, da ein einfaches Fortgießen dieser sehr gefährlichen Flüssigkeiten in die öffentlichen Wasserläufe oder sonst wohin vollkommen ausgeschlossen ist. Hierzu gießt man den Inhalt des Meßzylinders in einen trockenen Scheidetrichter und läßt zunächst die unten abgeschiedene Säure portionsweise in vorher bereitgestellte Porzellanschalen laufen, die mit trockener, vorher ausgeglühter Kieselgur angefüllt sind, ebenso darauf das Nitroglyzerin selbst in andere mit Kieselgur angefüllte Porzellanschalen, wobei man durch ganz langsames und vorsichtiges Rühren mit einem Glasstabe eine gewisse gleichmäßige Mischung von wenig Nitroglyzerin und viel Kieselgur bewirkt. Der Inhalt der so beschickten Schalen wird im Freien angezündet, ihr Inhalt versprüht dann einfach wie Pulver ohne jede Explosion. Auch den Inhalt der Schalen mit den Säureresten versucht man zu entzünden, er versprüht zum Teil ebenfalls und kann dann mit anderen Abfällen fortgebracht oder in Flußläufe usw. geschüttet werden.

B. Einfach destillierte Glyzerine.

Die Untersuchung derselben erfolgt nach den bekannten analytischen Methoden bzw. sinngemäß nach den im vorstehenden gegebenen Anleitungen.

C. Chemisch reine oder doppelt destillierte Glyzerine.

Die Analyse dieser reinsten Glyzerinqualitäten des Handels wird meist nach den Vorschriften des Deutschen Arzneibuches (Pharmacopoea Germanica, editio IV) oder denjenigen anderer Landespharmakopöen vorgenommen, welche die Reinheitsanforderungen genau präzisieren.

Die Bestimmung des Glyzeringehalts der Fette wird entweder direkt in der aus der Verseifung von etwa 50 g der Fettsubstanz nach dem Ansäuern der entstandenen Seifenlösung und Ausschüttlung der ausgeschiedenen Fettsäuren erhaltenen Unterlauge nach dem vorstehend beschriebenen Bichromatverfahren ausgeführt oder aus der Esterzahl des Fettes berechnet.

Anhang.

Begriffsbestimmungen

von reinen Kern- und Schmierseifen laut Beschluß des Verbandes der Seifenfabrikanten.

1. Unter reinen Kernseifen versteht man alle nur aus festen und flüssigen Fetten sowie Fettsäuren auch unter Zusatz von Harz durch Siedeprozesse hergestellten, aus ihren Lösungen durch Salze oder Salzlösungen (auf Unterlauge oder Leimniederschlag) abgeschiedenen, technisch reinen Seifen mit einem Mindestgehalt von 60% Fettsäurehydraten einschließlich Harzsäure.

2. Unter reinen Schmierseifen versteht man solche, welche mindestens 36% Fettsäurehydrate inkl. Harzsäuren enthalten und technisch rein sind.

3. Bei Fettsäurebestimmungen in Seifen und Seifenpulvern sind stets Fettsäurehydrate und nicht Fettsäureanhydride in Rechnung zu stellen. Harzsäuren rechnen als Fettsäurehydrate.

Abmachungen des „Verbandes der Seifenfabrikanten" bei behördlichen Ausschreibungen von Seife in Bayern, Sachsen und Baden.

I. Harte Seifen.

a) Kernseife soll mindestens 60%
b) Halbkernseife „ „ 46%
c) Kokosöl-(Hand-)Seife „ „ 60%

Fettsäuregehalt, als Fettsäurehydrate berechnet, haben.

II. Weiche Seifen.

a) Naturkornseife, b) glatte Seifen, grün, gelb oder braun, c) weiße oder hellgelbe, sogenannte Silberseifen, sollen mindestens 40% Fettsäuregehalt haben.

III. Harzseifen.

Ihr Harzgehalt darf höchstens 20% betragen.

Die gelieferten harten Seifen dürfen kein freies Alkali in merklicher Menge enthalten.